ÉLÉMENTS

DE

BOTANIQUE

PAR

H. ANCIAUX

Bachelier ès-sciences physiques

DOCTEUR EN MÉDECINE, AIDE DE CLINIQUE MÉDICALE.

PARIS

N.-J. PHILIPPART, ÉDITEUR

4, RUE HONORÉ-CHEVALIER, 4

ET DANS LES DÉPARTEMENTS

CHEZ TOUS LES LIBRAIRES

1861

TABLE

409. — Paris. Imp. de Ch. Bonnet et Comp., 42, rue Vavin.

ÉLÉMENTS
DE BOTANIQUE

PRÉLIMINAIRES

La Botanique[1] est la science qui s'occupe des végétaux.

Le *végétal* est un être organisé, fortement carboné, qui vit, croît, se nourrit, se reproduit, mais qui est privé de tube digestif central (estomac, intestins, etc.), de mouvement volontaire, de système nerveux (cerveau, nerfs), et par conséquent de sensibilité.

L'*animal*, dont l'organisation est beaucoup plus compliquée, a cependant des fonctions communes avec le végétal; il vit, croît, se nourrit, se reproduit; mais, contrairement à lui, il est fortement azoté; il a un tube digestif central, des mouvements volontaires et un système nerveux.

Ces deux séries d'êtres (les animaux et les végétaux) croissent par intus-susception, c'est-à-dire que les aliments sont portés et qu'ils sont assimilés à l'intérieur.

Ils se distinguent des minéraux, parce que ceux-ci ne sont point doués de la vie et qu'ils croissent par juxta-position ou simple rapprochement de molécules.

L'étude de la Botanique peut être divisée en cinq parties. La première a pour objet l'anatomie, la seconde la physiologie, la troisième la géographie botanique, la quatrième la taxonomie, la cinquième la phytographie. Nous définirons en leur lieu chacun de ces mots.

[1] Le mot Botanique vient du mot grec Βοτάνη, qui signifie herbe.

PREMIÈRE PARTIE

ANATOMIE VÉGÉTALE.

L'anatomie végétale est la partie de la Botanique qui a pour objet l'étude des organes élémentaires qui forment les tissus, et celle des organes simples et des organes composés dont l'ensemble constitue l'être végétal. Elle a pour but, en nous faisant connaître ces parties, de nous faciliter la compréhension des phénomènes fonctionnels et de nous donner des caractères pour distinguer les individus d'une même famille ou de familles différentes.

Objet de l'anatomie, énumération succincte.— Il y a dans les végétaux plusieurs sortes d'organes différents entre eux par leur degré de composition et leurs usages. Ce sont les organes élémentaires (premier degré de composition), les organes simples (deuxième degré de composition) et les organes composés (troisième degré de composition). Chaque degré emprunte à celui qui précède pour sa formation.

Chacune des catégories d'organes en contient plusieurs que nous ne ferons qu'énumérer ici, afin de donner une idée de leur ensemble, nous réservant de les étudier chacun séparément. Les premiers ou organes élémentaires sont : 1° la cellule ou utricule, 2° la fibre, 3° les vaisseaux.

Les organes simples sont : 1° l'épiderme, 2° la stomate, 3° la lenticelle, 4° la glande, 5° le poil.

Les organes composés se divisent en organes de la nutrition (qui servent à nourrir la plante) et en organes de la reproduction (qui servent à la reproduire). Les organes de la nutrition et les organes de la reproduction se subdivisent en organes essentiels, c'est-à-dire absolument nécessaires à l'accomplissement de la fonction, et en organes non-essentiels, c'est-à-dire qui peuvent faire défaut sans enrayer l'acte fonctionnel.

Les organes essentiels de la nutrition sont la racine et la feuille. Les organes non essentiels sont la souche et la tige, dont l'ensemble prend le nom d'axophyte.

La tige dans quelques plantes, les feuilles, les fleurs, procèdent d'un bourgeon dont l'anatomie doit aussi s'occuper. Il y a encore quelques organes appendiculaires qui se rattachent à ceux de la nutrition; ce sont : la stipule, la vrille, les épines et les aiguillons.

Les organes de la reproduction sont représentés par la fleur. Elle offre à étudier son support ou pédoncule, les enveloppes des organes sexuels (partie non-essentielle de la fleur), et enfin les organes sexuels eux-mêmes (partie essentielle).

L'anatomie s'occupe aussi du produit de la fécondation, elle commence même son étude avant que l'acte sexuel ait eu lieu, alors qu'il porte le nom d'ovule. Le fruit contient deux parties, l'une, non-essentielle, est appelée péricarpe (c'est l'enveloppe de la deuxième); l'autre est la graine ou partie essentielle.

Nous allons actuellement commencer l'étude des différents organes dont nous avons fait l'énumération. Nous nous appuierons dans cette étude sur trois ordres de caractères : les premiers sont des caractères d'ordre mathématique, tels que la forme, le volume, la position, la direction, etc. — les seconds sont des caractères d'ordre physique, tels que la dureté, etc.; — les derniers sont des caractères d'ordre organique ou la structure.

CHAPITRE I

DES ORGANES ÉLÉMENTAIRES DES PLANTES.

§ I. — DE L'UTRICULE.

Lorsqu'on étudie, au moyen du microscope ou d'une forte loupe, la structure d'un végétal, on y trouve une infinité de petites cavités de formes et de grandeurs différentes. Les unes sont complétement circonscrites par des parois, les autres sont dépourvues de parois propres; elles occupent les intervalles des premières.

Ces cavités peuvent avoir un diamètre à peu près égal en tout sens : on les appelle alors cellules : elles peuvent être plus longues que larges, et amincies aux extrémités : ce sont les fibres : elles peuvent être très-allongées : ce sont les vaisseaux.

On appelle tissu utriculaire ou cellulaire, le tissu végétal, qui est formé par une réunion d'utricules ou sacs à diamètres à peu près egaux, qui sont les premiers éléments des plantes.

L'utricule est primitivement arrondie. Elle devient par le fait de la compression polygonale. La forme hexagonale est la plus fréquente.

On doit étudier dans l'utricule : 1° sa forme ; 2° sa nature ; 3° ses moyens de communication avec les cellules voisines ; 4° son contenu ; 5° son développement.

1° *Sa forme.* — Nous venons de voir que sa forme est d'abord arrondie ; elle deviendra polygonale, mais surtout hexagonale, par la pression qu'exercent sur elles les cellules voisines. En supposant celles-ci de même volume qu'une autre cellule quelconque prise dans la masse, elles ne pourront toucher qu'au nombre de six la circonférence de celle que l'on considère isolément. De là, la forme hexagonale.

Les cellules laissent entre elles des espaces vides, qu'on appelle méats. Lorsque ces méats sont très larges, ils prennent le nom de lacunes. Les tiges des graminées en offrent des exemples.

2° *Sa nature.* — Les utricules sont d'abord molles, minces et transparentes. Plus tard, elles deviennent ligneuses. Elles sont revêtues, à l'intérieur, d'une membrane qui n'est pas continue de tous les côtés, ce qui a fait regarder la cellule comme étant poreuse.

3° *Ses moyens de communication.* — On ignore encore quels sont les moyens par lesquels les cellules communiquent entre elles, mais on pense généralement que c'est au moyen de pores invisibles.

4° *Son contenu.* — Les cellules contiennent trois sortes de corps : des solides, des liquides et des gaz. Les corps solides sont : (A) une matière plastique granuliforme, appelée nucléus ou cytoblaste. On croit que c'est cette matière qui sert à la reproduction de nouvelles cellules. (B) La chlorophylle ou chromule ; c'est la partie solide qui donne la coloration verte. Elle est soluble dans l'alcool et est composée d'une masse gélatineuse, informe, ou par des globules. (C) La fécule, formée par des corps arrondis de volume non constant. (D) Des cristaux, dont la forme et le nombre sont variables. (E) De la matière azotée analogue au gluten.

Les corps liquides et gazeux, contenus dans les cellules, sont la sève et l'air.

5° *Développement.* — Le sac embryonnaire contient une humeur organisable, qu'on a appelée cytoblastème. Il apparaît bientôt des granules, qui, réunis autour des nucléoles, donnent naissance à des *noyaux*. C'est alors que commence la formation des cellules. La matière qui se condense pour les former est d'abord appliquée sur le noyau, comme un verre sur le cadran d'une montre ; mais, à mesure que la cellule croît, le noyau y occupe un espace relativement moins considérable. C'est de l'évolution ultérieure de ces cellules que naissent toutes les parties des végétaux. L'accroissement se fait par trois modes : le premier est appelé *exogène* ou extra-cellulaire, c'est-à-dire qu'il se fait en dehors des cellules, par l'addition d'une nouvelle cellule à celle qui existait déjà ; le second mode d'accroissement est appelé *intra-cellulaire ;* il consiste dans l'interposition de nouvelles cellules entre les anciennes ; enfin le troisième mode est appelé *endogène :* il est dû à la formation de cloisons à l'intérieur des cellules existantes.

§ II. — DE LA FIBRE.

La fibre tient le milieu entre la cellule et le vaisseau. Elle est formée par une cellule allongée, amincie à ses deux extrémités, ce qui lui donne de la ressemblance avec un fuseau. La fibre est mince, non transparente, et elle se trouve surtout dans la partie médullaire, les pétioles des feuilles, ainsi que dans leurs nervures.

§ III. — DES VAISSEAUX.

On regarde les vaisseaux comme étant formés par des cellules opposées bout à bout, et dont les cloisons de séparation ont disparu. Il y a trois sortes principales de vaisseaux : 1° les trachées ; 2° les fausses-trachées ; 3° les vaisseaux laticifères.

Les trachées sont des tubes cylindriques, minces, transparents, contenant dans leur intérieur un fil tourné en spirale, dont les tours de spire se touchent.

On appelle, en général, fausses-trachées, tous les vaisseaux qui offrent des ponctuations ou des lignes transversales plus transparentes.

Les fausses-trachées sont les vaisseaux rayés, ponctués, réticulés, qui sont dus à des amincissements des parois devenues ainsi plus transparentes.

Les vaisseaux laticifères, destinés au latex ou suc propre, sont des tubes clos, à parois minces transparentes, cylindriques ou anguleux, simples ou rameux, et fréquemment anastomosés.

CHAPITRE II

DES ORGANES SIMPLES.

§ I. — DE L'ÉPIDERME.

L'épiderme est l'enveloppe la plus extérieure des végétaux. Il est formé par une membrane très-mince, transparente, incolore et qui se trouve sur toutes les parties des plantes à quelques exceptions près, que nous indiquerons plus loin.

Un seul élément entre dans la composition de l'épiderme, c'est l'utricule ou cellule. On lui a trouvé pourtant deux parties distinctes : l'une, la plus extérieure, est sans organisation bien déterminée, mais on la croit formée d'une cellule plate ; cette partie s'appelle *cutule ;* l'autre est composée de deux ou de plusieurs couches de cellules superposées; on regarde cette partie comme l'épiderme proprement dit.

Les parties des plantes aquatiques, qui sont plongées dans l'eau, ne possèdent que la cutule.

§ II. — DE LA STOMATE.

On trouve entre les cellules qui forment le tissu épidermique, de petites ouvertures ou pores que l'on appelle stomates (de στωμα, qui signifie bouche). Leurs lèvres, généralement arquées, sont formées, le plus souvent, par les bords de deux cellules qui se touchent.

Les stomates font communiquer l'air extérieur avec les méats du tissu cellulaire placé sous l'épiderme. On ne trouve point indifféremment les stomates dans l'épiderme d'une partie quelconque d'une plante. On les observe sur les feuilles, mais particulièrement à leur partie inférieure; on les voit encore sur les tiges herbacées, etc.

§ III. — DE LA LENTICELLE.

On appelle lenticelle, une petite tache allongée dans le sens de l'axe de la tige et que l'on remarque sur l'épiderme qui recouvre l'écorce de certaines plantes.

Elle est formée par un amas d'utricules, dû à une excroissance du tissu cellulaire, qui traverse l'épiderme et qui vient s'épanouir au dehors.

§ IV. — DES GLANDES.

Les glandes sont des organes qui sont une texture celluleuse et dont le but est de sécréter des liquides particuliers.

Les glandes sont peu ou point saillantes sur l'épiderme; quelquefois elles sont enfoncées dans l'épaisseur des organes, mais toujours elles avoisinent l'épiderme.

Il y a différentes variétés de glandes : 1° *Les glandes vésiculaires,* qui se distinguent par des parois transparentes contenant une huile volatile, incolore. On les aperçoit sur le fond vert de la feuille qui les porte, lorsqu'on la regarde à travers le jour. 2° *Les glandes globulaires*, qui ont pour caractère la forme sphérique et un point d'adhérence à l'épiderme. Elles renferment de l'huile volatile. 3° *Les glandes utriculaires*, qui forment une espèce d'ampoule sur l'épiderme de quelques plantes. Elles sont remplies d'un liquide clair, transparent. 4° *Les glandes papillaires*, qui sont formées par de petites saillies arrondies renfermant un liquide.

§ V. — DES POILS.

Les poils sont des organes filamenteux, très-ténus, formés par une ou plusieurs cellules. On les rencontre particulièrement sur les rameaux et les feuilles.

On a divisé les poils en *glandulifères*, en *excréteurs* et en *lymphatiques*. Les premiers sont appliqués immédiatement sur une glande, ou surmontés par un petit corps glandulaire particulier; les seconds sont placés sur des glandes dont ils paraissent être les canaux excréteurs, destinés à verser au dehors les fluides sécrétés; enfin les troisièmes ne sont qu'un simple prolongement de l'épiderme. (Richard.)

La forme des poils peut être très-variée.

Le poil peut être simple, composé, en chapelet, glanduleux, en toile, etc.

CHAPITRE III

DES ORGANES COMPOSÉS.

On appelle organes composés ceux dans la composition desquels entrent les tissus élémentaires (utriculaires, fibreux, vasculaires) et les organes simples. Leur organisation complexe indique qu'ils sont destinés à des fonctions plus compliquées que celles des précédents organes.

Nous avons vu plus haut, qu'ils se divisent en organes de la nutrition et en organes de la reproduction, et qu'ils sont subdivisés en organes non-essentiels et en organes essentiels.

§ I. — ORGANES NON-ESSENTIELS DE LA NUTRITION.

DE L'AXOPHYTE.

L'axophyte est la partie de la plante intermédiaire des racines et des feuilles. Cette partie a deux directions constantes : l'une vers la terre, l'autre vers l'atmosphère.

Linné appelait l'axophyte : caudex. Il donnait à sa partie souterraine le nom de *caudex descendant*, et à la partie aérienne, le nom de *caudex ascendant*. Nous appelons la première de ces parties souche ou rhizome ; la seconde a reçu le nom de tige.

Nous parlerons séparément de chacune des parties de l'axophyte.

A. *De la tige*. — Nous venons de dire que la tige est la partie aérienne de l'axe végétal.

La tige existe toujours ; mais dans quelques plantes elle est très-courte, par exemple, dans le pissenlit, la mandragore, etc. Ces plantes se nomment alors *acaules*.

La tige commence à une ligne fictive, que l'on nomme *collet, nœud vital, ligne médiane, base,* et qui la sépare de la souche.

La tige peut être simple, c'est-à-dire d'un seul jet, elle supporte alors directement ses feuilles ; elle peut être composée, et on la dit dichotome, si elle se divise par bifurcations successives ; trichotome, si elle se divise par trifurcations.

La consistance de la tige peut être molle et tendre, on l'appelle alors herbacée. On dit que la tige est *ligneuse,* quand elle est dure et qu'elle se laisse difficilement rompre.

La tige est *pleine*, quand elle n'a aucun vide dans son intérieur ; *fistuleuse*, quand elle est creuse, avec des nœuds de distance en distance.

Il y a trois variétés de tiges qui ont reçu des noms propres : 1° Le tronc. On donne ce nom à la tige ligneuse des arbres dicotylédonés [1]. 2° Le chaume. C'est une tige généralement herbacée, quelquefois ligneuse (bambou, canne de Provence), simple le plus souvent, offrant de distance en distance des

[1] Nous dirons plus loin quelle est la différence des plantes monocotylédonées, dicotylédonées et acotylédonées.

nœuds d'où partent des feuilles. 3° Le stipe. C'est la tige ligneuse des monocotylédonés.

Outre la composition et la consistance de la tige, on peut encore étudier sa forme, sa direction, ou quelque autre qualité que l'on désigne par un adjectif. *Quant à sa forme*, on peut appeler la tige *cylindrique, triangulaire, quadrangulaire*. Ces différentes dénominations sont trop simples pour exiger une définition.

Quant à sa direction, la tige est verticale, horizontale, rampante; *volubile*, si elle s'enroule sur un support en formant des spirales; *stolonifère* : celle-ci est ainsi appelée parce qu'elle donne naissance à des rameaux, qu'on nomme *stolons*, *coulans*, *gourmands*, et qui s'enracinent de distance en distance. Ex. : Fraisier.

Énumération de quelques adjectifs qualificatifs de la tige : 1° Aphylle (nom donné à une tige sans feuilles) ; 2° subéreuse (quand l'écorce produit du liége) ; 3° crevassée ; 4° épineuse ; 5° aiguillonneuse ; 6° inerme (sans épines ni aiguillons).

Il y a encore plusieurs épithètes caractéristiques de la tige, mais qui lui sont communes avec les feuilles ; nous les énumérerons en parlant de celles-ci.

Organisation de la tige. — Tige des dicotylédonés. — Si l'on coupe transversalement le tronc d'un arbre, d'un chêne, par exemple, on y trouve, en allant de dehors en dedans, deux parties distinctes, savoir : 1° l'écorce ; 2° la couche ligneuse.

(A) *De l'écorce.* — L'écorce est formée de feuillets plus ou moins nombreux appliqués les uns sur les autres. Ces feuillets ou couches sont intimement unis entre eux et sont au nombre de six dans l'écorce des tiges ligneuses des plantes dicotylédonées ; ces couches sont : 1° l'épiderme ; 2° le liége ou couche subéreuse ; 3° le mésoderme ; 4° l'enveloppe herbacée ; 5° le liber ; 6° la couche sous-libérienne ou endoderme.

L'écorce des végétaux dicotylédonés annuels subit quelques modifications ; elle a la même composition générale que celle de l'écorce des végétaux dicotylédonés ligneux ; seulement on ne reconnaît que trois des parties constituantes de l'écorce, savoir : l'*épiderme*, l'*enveloppe herbacée* et le *liber*.

Nous avons déjà étudié la composition de l'épiderme

La couche subéreuse, qui vient immédiatement après l'épiderme, est formée par plusieurs couches d'utricules, qui, dans quelques arbres, prennent un accroissement considérable et produisent alors le liége. Ex. : le chêne-liége.

Le mésoderme est également formé de plusieurs couches d'utricules, mais elles sont plus allongées que celles de la couche précédente.

L'enveloppe herbacée se caractérise par ses utricules minces contenant de la chlorophylle ou matière colorante verte.

Le liber est formé par des fibres accolées l'une à l'autre. Les feuillets constituant le liber peuvent offrir trois modifications dans leur disposition : 1° ils peuvent être en couches contiguës, c'est-à-dire n'offrant entre eux aucun écartement ; 2° ils peuvent être isolés les uns des autres ; 3° ils peuvent être placés sous l'épiderme.

(B) *De la couche ligneuse.* — La couche ligneuse est formée de plusieurs parties distinctes, savoir : 1° de l'aubier ; 2° du bois proprement dit, qu'on appelle encore cœur ou duramen ; 3° de la moelle, qui occupe le centre de la tige ; 4° de rayons médullaires, qui sillonnent l'ensemble de ces parties.

On appelle aubier la partie la plus extérieure de la couche ligneuse ; c'est la partie la moins dure et la plus blanche.

Organisation de la tige monocotylédonée. — La tige des plantes monocotylédonées est composée de faisceaux ligneux ou fibres vasculaires disséminés dans un amas de cellules, qui forme la base ou le squelette du végétal.

Il n'y a point superposition des parties composantes comme dans les tiges des dicotylédonés. Contrairement encore à ce que l'on voit dans ces végétaux, la couche la plus dure se trouve à l'extérieur.

L'écorce, quoique moins évidente que dans les dicotylédonés, existe cependant. Elle est composée : 1° d'un épiderme ; 2° de tissu utriculaire ; 3° de tissu fibreux.

(C) *De la souche.* — La souche, qui est encore appelée *rhizome, pivot, caudex descendant*, a été regardée par presque tous les botanistes comme étant la racine ; mais M. Richard la distingue nettement de celle-ci, qui est un organe annexé.

La souche, comme la tige, peut être simple ou composée. Relativement à sa forme, elle peut prendre les noms de *cylindrique, conique, napiforme* (en forme de navet), *scutelliforme* (déprimée), *sigellée* (ayant des dépressions en forme de cachet). Ex. : Sceau de Salomon. *Tubéreuse*, offrant des renflements, tels que la pomme de terre. Elle se nomme encore *horizontale, perpendiculaire, oblique*, etc., suivant qu'elle affecte l'une ou l'autre de ces directions.

Elle est annuelle, si elle vit un an ; bisannuelle, si elle vit deux ans ; vivace, si elle vit plusieurs années.

Organisation de la souche, des dicotylédonés. — Elle est composée, comme la tige, d'une écorce et d'une couche ligneuse. L'écorce n'a point les six divisions que nous avons trouvées pour celle de la tige, elle n'a que l'*épiderme* et le *liber*. L'épiderme de la souche n'a point de stomates.

La partie ligneuse est divisée par couches, mais moins nettement marquées que dans la tige : le canal médullaire manque le plus souvent.

Organisation de la souche des monocotylédonés.—La souche des monocotylédonés est composée de faisceaux vasculaires, épars à son intérieur, unis par des utricules recouverts d'épiderme.

§ II. — ORGANES ESSENTIELS DE LA NUTRITION.

A. — DE LA RACINE.

La racine est la partie souterraine annexée à la souche et qui est destinée à puiser dans le milieu où est fixé le végétal les sucs propres à la nutrition. Elle aide aussi à maintenir la plante dans sa position.

La racine est : 1° *capillaire,* si elle est mince et très-grêle, soit simple, soit rameuse, telle que dans le blé : 2° *fibreuse*, si elle est plus épaisse que la précédente : 3° *tubériforme*, si elle offre des renflements, par exemple : le dahlia.

On a donné le nom de *racines aériennes* à celles qui naissent de la tige ou de ses divisions et qui vont se jeter dans la terre. Le figuier des Pagodes en offre un exemple remarquable.

On appelle *racines adventives,* celles qui naissent des bourgeons d'une branche qu'on enfonce dans la terre, et qui servent à la nourriture et à l'accroissement de celle-ci.

Les racines sont composées de fibres recouvertes d'épiderme. Elles sont terminées par du tissu cellulaire qu'on appelle *spongiole*.

B. — DES FEUILLES.

Les feuilles sont des organes ordinairement lisses et verts, naissant des nœuds vitaux de la tige et résultant de l'épanouissement de faisceaux fibro-vasculaires, entre lesquels est interposé du tissu cellulaire ou parenchyme.

La feuille est composée de deux parties : 1° d'un limbe ou lame; 2° d'un pétiole (vulgairement queue).

Tout organe qui est aplati et qui offre l'apparence d'une feuille n'en est pas toujours une pour cela. Il y a quelques plantes dont le pétiole s'élargit et prend la forme d'une feuille, Cette fausse feuille s'appelle phyllode (ex. : Petit-houx).

1° *Du limbe.* — Il offre deux faces, une circonférence, une base répondant au pétiole, et un sommet qui est diamétralement opposé au point d'insertion de celui-ci. La face supérieure est ordinairement lisse et de couleur plus vive que l'inférieure, qui offre en général beaucoup de stomates, et elle est souvent recouverte de duvet.

Des ramifications nombreuses partant du pétiole se projettent dans le limbe ; elles s'appellent nervures.

La nervure centrale, c'est-à-dire celle qui marche de la base au sommet, est nommée *médiane* ou *primaire*. Celles qui naissent de chaque côté de celle-ci s'appellent *nervures latérales*. Elles sont dites *primaires, secondaires, tertiaires,* suivant l'ordre de leurs subdivisions.

Un caractère important pour reconnaître un végétal monocotylédoné d'un dicotylédoné, est tiré de la direction des nervures, qui sont parallèles dans les monocotylédonés et anguleuses dans les dicotylédonés. Il y a dans les monocotylédonés deux exceptions à cette loi, elles existent pour les *arum* (famille des aroïdées) et les *smilax* (famille des smilacées), dont les nervures sont anguleuses.

On dit que les nervures sont *pennées,* quand elles sont disposées comme les barbes d'une plume; *digitinervées,* quand elles naissent d'un même point et qu'elles vont en divergeant; *peltinervées*, quand elles partent d'un point central et qu'elles s'irradient autour de ce point, comme dans la capucine.

2° *Du pétiole.* — Le pétiole est le support de la feuille. Il est ordinairement grêle et formé de faisceaux vasculaires, qui donnent naissance aux nervures du limbe. Il est compris entre celui-ci et la tige ou le rameau qui le porte.

La feuille est dite *pétiolée*, si elle a ce support; *sessile,* si elle ne l'a point. Les faisceaux vasculaires s'épanouissent alors en limbe dès leur sortie du nœud vital.

Le pétiole s'insère quelquefois au milieu de la face inférieure du limbe, par exemple, dans la capucine ; la feuille, dans ce cas, s'appelle *peltée*. On a donné le nom de *décurrente* à celle dont le limbe, au lieu de se terminer à son point d'origine sur la tige, se prolonge plus ou moins bas sur cet organe, où il forme des espèces d'ailes membraneuses, comme dans la grande consoude. La feuille est dite *perfoliée,* quand son disque est en quelque sorte traversé par la tige, comme dans le buplèvre à feuilles rondes; *connée, conjointe* ou encore *confluente,* quand deux feuilles opposées, s'unissant par leurs bases, sont traversées par la tige. Ex. : le chèvrefeuille.

Structure de la feuille. — Les feuilles sont formées par des faisceaux vasculaires, qui donnent naissance aux nervures en s'épanouissant. Ces faisceaux vasculaires se composent de trachées, de fausses trachées, de vaisseaux laticifères et d'utricules.

La parenchyme de la feuille est formée par du tissu utriculaire, qui offre ce fait remarquable, qu'immédiatement sous l'épiderme les cellules sont arrondies, et, plus au centre, elles sont allongées.

Ces différentes parties sont enveloppées par un épiderme qui contient des stomates et qui porte souvent des poils.

On a divisé les feuilles en *simples*, ce sont celles dont le pétiole n'est point divisé et dont le limbe est formé d'une seule pièce ; en *composées*, ce sont celles dont le pétiole et le limbe sont divisés. Il en résulte un assemblage de petites feuilles appelées folioles.

DE LA FEUILLE SIMPLE.

Dans son étude, nous nous bornerons à mentionner des caractères d'ordre mathématique et d'ordre physique, tels que la position, la direction, la forme, la consistance, etc.

Ainsi, eu égard au lieu de sa naissance, la feuille prend des épithètes différentes. On l'appelle :

Séminale, quand elle est formée par un cotylédon ;

Primordiale, lorsqu'elle vient la première après la feuille séminale ;

Radicale, lorsqu'elle naît sur le collet de la souche qu'on regardait comme une racine,

Caulinaire, lorsqu'elle naît sur la tige ;

Ramaire, lorsqu'elle naît sur les rameaux ;

Florale, quand elle est placée à la base d'une fleur, mais sans qu'elle change de forme ni de nature ;

Bractée, si elle accompagne une fleur et qu'elle a changé de nature.

Relativement à sa figure, elle prend les noms de :

Orbiculée, si elle est circulaire (petite mauve).

Ovale, quand elle est longue et arrondie (le poirier).

Obovale, si elle est allongée et arrondie du côté opposé au pétiole (la busserole).

Elliptique, quand les deux bouts du limbe sont arrondis et égaux entre eux, comme la figure qu'on nomme ellipse, (muguet).

Oblongue, lorsqu'elle est de forme elliptique, mais d'une

longueur à peu près trois fois égale à sa largeur (petite-centaurée).

Lancéolée, quand le limbe va diminuant en pointe vers les deux extrémités.

Linéaire, quand elle est longue, étroite et se termine à ses extrémités comme la précédente (beaucoup de graminées).

Rubanaire, lorsqu'elle est très-longue et peu large (la valisnerie).

Subulée, étroite à la base et en pointe au sommet.

Aciculée, raide, aiguë et presque arrondie comme une aiguille.

Filiforme, mince comme un fil (renoncule aquatique).

Spatulée, étroite à la base, élargie et arrondie au sommet (pâquerette).

Cunéaire, en forme de coin (saxifrage).

La feuille peut prendre des figures diverses par les échancrures existant à sa circonférence ; ces formes lui ont encore valu différents noms :

Cordée ou cordiforme, c'est-à-dire en forme de cœur (nénufar, tilleul, etc.).

Réniforme, en forme de rein (lierre-terrestre).

Sagittée, en fer de flèche, c'est-à-dire quand sa base se prolonge en deux lobes aigus, obliques ou parallèles au pétiole (liseron).

Hastée, quand les deux lobes, aigus à leur base, sont à peu près perpendiculaires au pétiole (l'arum masculé).

L'échancrure peut être légère et n'atteindre que la périphérie : la feuille prendra encore des noms en rapport avec les modifications apportées dans sa figure. Elle sera :

Dentée, si les angles saillants ou dents sont aigus et si les sinus ou angles rentrants sont arrondis.

Serretée, si les sinus et les angles saillants sont aigus.

Crénelée, lorsque les parties saillantes sont arrondies et les sinus aigus.

Incisée, quand les dents sont inégales, les sinus aigus et profonds (aubépine).

Sinuée, échancrures profondes, dents larges, sinus obtus (chêne).

Les découpures du limbe peuvent être profondes ; la feuille prend alors les noms de fide, si les parties saillantes sont aiguës, si les sinus le sont également et s'étendent vers le milieu de chaque demi-limbe. — Si les divisions sont disposées comme les barbes d'une plume, on donne à la feuille le nom de pennifide, et celui de palmifide, si les divisions sont palmées.

Partite, quand la division s'avance au delà du milieu de chaque demi-limbe, vers la nervure médiane. La feuille peut être pennipartite (coquelicot), palmipartite (aconit).

Sequée, lorsque les sinus s'étendent jusqu'à la nervure médiane. La feuille peut être pennisequée (cresson d'eau), palmisequée.

Lobée, si les découpures sont arrondies; chaque division s'appelle lobe. Elle est pennilobée ou palmilobée (érable).

Pédalée, lorsque chaque partie diverge, comme les touches d'une pédale (ellébore).

La feuille a quelquefois une forme géométrique, elle est rhomboïdale, trapézoïde, triangulaire, quadrangulaire

Suivant sa consistance la feuille est appelée *membraneuse*, si elle est peu épaisse, molle et souple; *coriace*, si elle est dure et consistante (laurier-cerise); *molle*, si elle est friable (épinard); *raide*, si elle résiste à la flexion; *charnue*, si elle est épaisse (joubarbe).

Quant à sa superficie, elle est *luisante, unie*. Elle est *glabre*, si elle est dépourvue de poils; *scabre*, si elle est rude au toucher; *poilue*, si elle a des poils longs, mous et peu nombreux, *velue*, si les poils sont comme précédemment, mais très-rapprochés; *cotonneuse*, quand les poils sont blancs et doux au toucher.

La coloration de la feuille est généralement verte, quelquefois elle est *colorée*, c'est-à-dire d'une autre couleur que le vert.

La feuille peut se terminer de différentes manières. Elle est *aiguë*, quand elle se termine en pointe (laurier-rose); *piquante*, quand la pointe est raide; *mucronée*, quand cette pointe est grêle et isolée (joubarbe).

DES FEUILLES COMPOSÉES.

Les feuilles composées se distinguent des feuilles simples, profondément échancrées, en ce que les parties qui les composent peuvent se séparer sans que les parties voisines soient aucunement entamées. On pourrait prendre, au premier abord, les feuilles *sequées* pour des feuilles composées; mais, en y regardant de près, on trouve dans ces premières, sur les côtés de la ligne médiane, un prolongement membraneux s'étendant d'un segment à l'autre.

Les feuilles sont simplement composées, quand les folioles sont sessiles, et que les divisions du pétiole forment les nervures principales ou médianes de celles-ci.

Les feuilles sont décomposées, quand le pétiole commun supporte des folioles composées.

Les feuilles composées peuvent présenter deux formes principales, savoir : 1° elles sont digitées, quand les folioles partent d'un même point ; 2° pennées, quand les folioles sont situées sur les parties latérales comme les barbes d'une plume ; elles sont paripennées, si les folioles sont en nombre égal ; imparipennées, si le nombre est impair.

Les feuilles décomposées le sont à différents degrés. Il peut n'exister qu'un seul pétiolule ; il peut aussi en exister plusieurs. Dans ces derniers cas, les feuilles sont dites *surdécomposées*.

La disposition que les feuilles affectent sur la tige a fait donner à leur ensemble des noms particuliers ; elles sont dites : opposées, quand elles sont insérées aux extrémités d'un même diamètre ; verticillées, lorsqu'elles entourent une tige ou un rameau ; alternes, lorsqu'elles sont placées alternativement sur la tige ou les rameaux ; éparses, quand elles paraissent n'offrir aucun ordre réel ; géminées, si elles naissent deux à deux du même côté de la tige ; fasciculées, lorsqu'elles sont en faisceau sur un rameau court ; distiques, quand elles sont disposées sur deux rangs opposés l'un à l'autre.

Phyllotaxie. — L'arrangement des feuilles sur la tige est susceptible d'une étude spéciale à laquelle on a donné le nom de phyllotaxie (φύλλων feuille, τάξις arrangement).

Toutes les feuilles *alternes* et *éparses* sont disposés sur la tige suivant une spirale. En prenant pour point de départ une feuille quelconque et en tournant tout autour de la tige, en passant par d'autres feuilles intermédiaires, on arrive à une autre feuille diamétralement superposée à celle dont on est parti.

On appelle cycle (de κύκλος, cercle), la spirale décrite entre une feuille (point de départ) et une autre feuille (point d'arrivée), qui lui est superposée.

Le cycle peut être formé d'un ou de plusieurs cercles ; c'est-à-dire d'une ou de plusieurs révolutions autour de la tige.

On désigne par un nombre la quantité de feuilles comprises dans un cycle. On en fait autant pour la somme des cercles formant ce cycle. On représente par une fraction le cycle entier. Le numérateur exprime le nombre de tours ou cercles du cycle ; le dénominateur, le nombre des feuilles comprises dans ce cycle.

Si l'on étudie un très grand nombre de plantes, on trouvera une série de fractions dont l'arrangement a quelque chose de remarquable et qu'on a formulé en loi.

Les nombres représentant la composition des divers cycles forment une série dans laquelle chacun de ces nombres est la somme des numérateurs et des dénominateurs des deux nombres qui la précèdent dans la série.

$$\frac{1}{2} \quad \frac{1}{3} \quad \frac{2}{5} \quad \frac{3}{8} \quad \frac{5}{13} \quad \frac{8}{21} \quad \frac{13}{34}$$

La feuille forme, avec la feuille qui la suit, un angle que l'on appelle *angle de divergence*. Le rapport *de l'angle de divergence des feuilles avec la circonférence ou cercle est toujours exprimé par la fraction qui représente la composition du cycle.*

DES BOURGEONS.

On appelle bourgeons des organes ovalaires, coniques ou arrondis, formés par la superposition d'un certain nombre d'écailles destinées à protéger un organe essentiel de la vie individuelle ou de la reproduction, ou bien les uns et les autres.

Il y a plusieurs sortes de bourgeons, ce sont : 1° le bourgeon proprement dit ; 2° le turion : 3° le bulbe : 4° le bulbile.

1° *Les bourgeons* proprement dits sont ovoïdes ou arrondis et formés d'écailles imbriquées. Si on les divise longitudinalement, on trouve une partie centrale ou axe, qui est le rudiment de la jeune branche ou scion : elle supporte les organes de la nutrition ou floraux qui sont protégés par des écailles. L'axe, en se développant, éloigne les feuilles ; l'espace qui les sépare s'appelle mérithalle. Les bourgeons peuvent être simples ou composés, c'est-à-dire contenir un ou deux organes. On les divise en foliifères, florifères et en mixtes.

La disposition des feuilles, dans le bourgeon, s'appelle préfoliation, et celle des enveloppes florales se nomme préfloraison.

2° *Du turion.* — Le turion est un bourgeon souterrain. Il naît du rhizome ou partie souterraine de la tige ; le bourgeon proprement dit, au contraire, naît de la partie aérienne. L'asperge est un turion.

3° *Du bulbe.* — Le bulbe, à proprement parler, est un végétal et non un bourgeon, car on y rencontre : 1° un bourgeon composé d'écailles, qui sont des feuilles rudimentaires ; 2° un plateau, c'est la partie élargie, elle représente la tige ; 3° des racines, qui sont annexées au plateau.

Les écailles du bulbe peuvent s'emboîter les unes dans les autres de telle manière que la première les enveloppe toutes ; le bulbe, dans ce cas, est appelé *bulbe tuniqué* ou à tunique (l'ognon ordinaire). Les écailles peuvent être libres, petites et imbriquées, alors le bulbe est dit *écailleux* (lis blanc). On appelle *bulbe solide*, celui dont le plateau a acquis un grand développement et dont les écailles sont minces. Le bulbe est *simple*, quand il ne renferme qu'un seul germe; il est *multiple*, quand, sous une même enveloppe, il renferme plusieurs petits bulbes; ceux-ci s'appellent *caïeux* (l'ail).

4° *Des bulbilles.* — Les bulbilles sont de petits bourgeons qui naissent sur la tige et ses divisions, qui tombent et se développent, pour donner naissance à une plante semblable à celle qui les a produits. Les plantes qui portent ces bourgeons sont appelées vivipares (lis bulbifères).

DE QUELQUES ORGANES ANNEXÉS A CEUX DE LA NUTRITION.

1° *De la stipule.* — La stipule est un organe annexé à la base du pétiole des feuilles de quelques plantes. Elle est caduque, quand elle tombe rapidement; persistante, quand elle ne tombe pas.

2° *De la vrille.* — La vrille est un organe filamenteux et tortueux, annexé à la tige ou aux feuilles, et destiné à soutenir la plante.

3° *Des épines.* — Les épines sont des organes pointus, qu'on regarde comme des rameaux ou ramuscules avortés, et qui partent du bas de la tige ou des rameaux. Elles n'ont point de fonctions organiques spéciales.

4° *Des aiguillons.* — On appelle aiguillons, des organes aigus annexés également à la tige ou aux branches, mais qui partent de l'écorce. On les regarde comme des poils concrétés.

CHAPITRE IV

ORGANES DE LA REPRODUCTION.

DE LA FLEUR EN GÉNÉRAL.

La fleur est le produit temporaire de la plante qui contient les organes de la reproduction.

La fleur est composée de plusieurs parties : 1° d'un pédoncule ou support; 2° des enveloppes florales (calice, corolle); 3° des organes sexuels (étamines, pistil). On peut regarder ces différentes parties de la fleur comme étant formées par une feuille modifiée, que l'on nomme carpelle.

La fleur est complète ou incomplète. Elle est complète, si elle a les enveloppes externes et les organes sexuels. On peut cependant, à la rigueur, regarder une fleur qui a des étamines et un pistil comme étant complète, car elle suffit à la génération. On doit la regarder comme incomplète, si l'un ou l'autre organe sexuel manque. La fleur est appelée hermaphrodite, quand elle possède à la fois des étamines et un pistil; unisexuée, quand elle n'a que des étamines ou le pistil.

Du pédoncule. — Le pédoncule est le support de la feuille. Il peut être simple ou ramifié. Ses ramifications peuvent être alternes, opposées ou verticillées. Le pédoncule principal s'appelle axe primaire; ses ramifications s'appellent axes secondaires ou pédicelles.

On appelle *hampe* le pédoncule qui naît de la racine (ex., la primevère). Quand on étudie la disposition des pédoncules sur la tige ou ses rameaux, on trouve qu'ils sont *axillaires, terminaux, supra-axillaires, oppositifoliés.*

On entend par pédoncule *éphylle* celui qui est confondu avec une bractée (tilleul).

Le pédoncule, comme le pétiole de la feuille, peut s'élargir et remplacer la fleur (ex., xylaphylle). Le pédoncule est *uniflore* quand il ne porte qu'une fleur, *multiflore* quand il en porte plusieurs.

Le pédoncule a une durée égale à celle de la fleur et du fruit. Quelquefois pourtant la fleur tombe, et le pédoncule continue à s'accroître.

Le pédoncule peut aussi subir une modification toute particulière, comme dans l'acajou, où il devient charnu.

La partie supérieure du pédoncule s'appelle *réceptacle* ou torus. Cette dernière désignation est surtout employée pour les réceptacles des fleurs composées.

§ I. — ORGANES NON ESSENTIELS DE LA REPRODUCTION.

A. — DU CALICE.

Le calice est le périanthe (περι autour, et ανθος fleur), ou l'enveloppe la plus extérieure de la fleur.

Les pièces qui composent le calice peuvent être soudées : il porte alors le nom de calice monosépale ou gamosépale; ces pièces peuvent être isolées ; il prend alors le nom de polysépale ou dialysépale.

Les divisions ou feuilles du calice se nomment sépales ou folioles.

Le calice monosépale peut être *régulier* ou *irrégulier.* Il est régulier quand toutes ses parties sont symétriques, et irrégulier dans le cas contraire.

Le calice monosépale est dit *partit*, *fide*, *denté*, suivant la profondeur de ses échancrures. La première dénomination désigne l'échancrure la plus profonde, la dernière celle qui l'est le moins; l'autre est intermédiaire. On ajoute devant ces mots une particule exprimant le nombre des divisions; ainsi l'on dit bipartit, tripartit, bifide, etc., suivant le nombre d'échancrures du calice.

Le calice peut être libre ou adhérent à l'ovaire. Il est *pétaloïde* quand il est coloré, *caduc* lorsqu'il tombe à l'époque de l'épanouissement de la fleur (coquelicot), *persistant* lorsqu'il reste intact après l'épanouissement (mauve), *marcessent* quand il persiste, mais se fane et se dessèche, *accrescent* lorsqu'il s'accroît (alkekenge).

Le calice gamosépale est dit *turbiné* s'il a la forme d'une poire, *urcéolé* s'il est renflé à sa base et resserré à la gorge, *éperonné* s'il présente un prolongement.

Le calice polysépale est généralement caduc. Il tombe à la fécondation ou même à l'épanouissement.

L'arrangement que prennent les sépales peut donner au calice des formes diverses : il peut être *tubulaire* si les sépales forment une espèce de tube, *campanulaire*, en *toile*, etc.

B. — DE LA COROLLE.

La corolle est le verticille ou périanthe le plus rapproché des organes sexuels, et qui est ordinairement coloré.

La corolle n'existe que quand il y a un périanthe double ou multiple.

Les divisions ou feuilles de la corolle prennent le nom de *pétales*.

Le pétale est composé de deux parties : le limbe ou lame, qui est la partie élargie, et l'onglet, qui est la partie rétrécie qui supporte la première.

Les pétales qui forment la corolle peuvent être soudés ensemble; la corolle prend alors le nom de monopétale ou gamopétale.

Les pétales peuvent être au contraire entièrement isolés; la corolle s'appelle alors polypétale ou dialypétale.

On trouve dans la corolle monopétale : 1° une partie inférieure ordinairement *tubulée* ou *cylindrique;* 2° une partie évasée appelée *limbe;* 3° un point d'union entre ces deux parties qu'on appelle *gorge*.

La corolle monopétale est, comme le calice, appelée *régu-*

lière, si toutes ses parties sont régulièrement disposées, ou irrégulière si le contraire a lieu.

La corolle monopétale régulière a différentes formes, et elle prend des noms en rapport avec elles. La corolle est dite 1° *tubuleuse*, si elle ressemble à un tube ; 2° *infundibuliforme*, si elle ressemble à un entonnoir ; 3° *hypocratériforme*, quand le limbe se termine brusquement en s'etalant ; 4° *campanulée*, si elle a la forme d'une clochette ; 5° *rotacée*, quand le tube est très-court et le limbe étalé, et qu'il figure les rayons d'une roue.

La corolle monopétale irrégulière est appelée 1° *labiée*, — quand le limbe est divisé en deux lèvres superposées et que la gorge est entr'ouverte (lamier) ; 2° *personnée*, — si le limbe est semblable à celui des labiées, mais s'il a la gorge fermée ; 3° *ligulée*, — quand le tube est très-court et que le limbe forme une espèce de languette qui semble former toute la corolle ; 4° *anomale*, — si son irrégularité est telle, qu'elle s'éloigne des différents types précédents.

La corolle polypétale peut être également *régulière* ou *irrégulière*. La corolle polypétale régulière affecte différentes formes, d'où elle prend des noms spéciaux. Elle est 1° *cruciforme*, quand elle a quatre pétales étalés en forme de croix ;

2° *Rosacée*, quand elle a cinq pétales à onglet court ;

3° *Cariophyllée*, quand elle a cinq pétales à onglet long.

La corolle polypétale irrégulière est 1° *papilionacée*, — quand elle a cinq pétales dont l'un, supérieur aux autres, est appelé étendard ; les deux latéraux sont appelés ailes ; les deux inférieurs prennent le nom de carène ou nacelle (cette disposition se trouve dans la fleur du pois) ; 2° *anomale*, — quand les pétales sont irréguliers et qu'on ne peut rapporter l'ensemble de leur forme à aucun type. Ex. : l'aconit.

§ II. — ORGANES ESSENTIELS DE LA REPRODUCTION.

A. — DES ÉTAMINES.

On appelle étamines les organes mâles de la fleur. Leur ensemble ou verticille, simple ou multiple, s'appelle androcée ou androphore.

L'étamine est formée de trois parties : 1° d'un filet ; 2° d'un anthère qui contient 3° le pollen, ou substance propre à féconder.

Le filet peut être très-court ; l'anthère est alors sessile.

La position, le nombre, la longueur, le groupement des étamines, offrent des caractères pratiques qu'il importe de faire connaître.

La position des étamines est relative ou absolue. Elle est dite relative par rapport à une partie quelconque de la fleur.

Si on les étudie relativement à l'ovaire, elles peuvent être: 1° périgynes, c'est-à-dire entourant cet organe; 2° hypogines, ou insérées sous l'ovaire; 3° épigynes ou implantées sur lui.

Relativement aux pétales, les étamines peuvent être alternes ou opposées à ceux-ci.

On regarde la position des étamines comme absolue quand on l'étudie sans avoir égard aux organes environnants

Le nombre des étamines d'une fleur est un caractère important. Il servit à Linné pour grouper treize classes de plantes. On appelle monandre la fleur qui n'a qu'une étamine, diandre celle qui en a deux, etc., polyandre celle qui en a beaucoup.

Les étamines peuvent être égales en longueur ou inégales. Lorsqu'une fleur renferme quatre étamines dont deux sont constamment plus longues que les autres, ces étamines prennent le nom de didynames. Lorsqu'elles sont au nombre de six et que quatre sont constamment plus longues et deux plus courtes, on les appelle tetradynames. Ce caractère a encore servi à Linné pour former deux classes de plantes (14ᵉ et 15ᵉ classes). Le groupement ou le rapport mutuel des étamines est encore un caractère important qui fut choisi par le botaniste que nous venons de citer comme caractère distinctif de plusieurs classes végétales. Les étamines peuvent adhérer par leurs anthères. Elles s'appellent alors syngénèses ou mieux synanthérées. Leur union peut avoir lieu par leurs filets; elles sont alors réunies en masse ou en plusieurs faisceaux. Cette collection ou faisceaux d'étamines s'appelle adelphie. On dit monadelphie s'il n'y a qu'un seul faisceau, diadelphie s'il y en a deux, polyadelphie s'il y en a plusieurs. Les étamines peuvent être réunies avec le pistil; on les nomme alors gynandres.

De l'anthère. — L'anthère est la partie de l'étamine qui renferme le pollen. L'anthère est composé de deux loges, qui sont réunies par une partie membraneuse appelée connectif. L'ouverture ou fente de l'anthère par où s'échappe le pollen est tournée vers la partie centrale ou axe, ou bien vers la circonférence de la fleur. Dans ce premier cas, l'anthère est dite *introrse;* dans le second, *extrorse.*

L'anthère est dite *adnée* quand les loges sont fixées au connectif, c'est-à-dire que le filet se prolonge entre les loges: *basifixe,* quand le filet s'attache à la base des loges; *dorsifixe,* quand elles sont attachées par le dos; *apicifixe*, c'est-à-dire insérées par leur sommet au filet.

De la déhiscence. — On entend par déhiscence de l'anthère la manière dont s'ouvrent ses loges. Elle est dite transversale, verticale ou longitudinale, si elle se fait suivant cette direction. La déhiscence se fait quelquefois par des trous situés au sommet de l'anthère; la morelle en offre un exemple. La déhiscence est appelée latérale quand elle est placée sur les côtés, et qu'il y a un opercule qui se lève pour donner passage au pollen, comme dans l'épine-vinette.

Du pollen. — Le pollen est la substance fécondante mâle. Il est pulvérulent ou solide. Le pollen pulvérulent est formé par de petits corps généralement arrondis, assez gros dans quelques fleurs, très-minces dans d'autres. (Ex. : Bette.)

Sa forme peut varier; sa couleur est généralement jaunâtre, quoiqu'elle puisse offrir des nuances différentes; elle est gris-blanchâtre dans les graminées, brunâtre dans les papavéracées.

Le pollen est formé de trois parties : 1° d'une membrane externe nommée *exhyménine;* 2° d'une membrane interne nommée *endhyménine;* 3° d'une substance mucilagineuse liquide nommée *fovilla*.

La membrane externe est recouverte de quelques points ou pores qui varient dans les différents genres de végétaux.

L'endhyménine ou membrane interne est lisse, transparente et élastique. C'est elle qui forme le boyau ou tube pollénique et qui va mettre la fovilla en rapport avec les ovules. Le même grain de pollen peut fournir plusieurs boyaux polléniques. Ce phénomène s'explique par la quantité de fovilla et le nombre de pores de l'exhyménine. La fovilla contient dans son liquide une grande quantité de granules, dont les uns sont petits et arrondis, les autres, plus gros, sont arrondis ou ellipsoïdes.

B. — DU PISTIL.

Le pistil ou gynecée est l'organe femelle des fleurs. Il est formé par une ou plusieurs feuilles carpellaires. Le pistil se compose de trois parties : de l'ovaire, d'un style et d'un stigmate. La partie inférieure du limbe des feuilles forme l'ovaire; la partie supérieure forme le style et le stigmate. Quand le carpelle est unique, la fleur est dite monocarpellaire, pluricarpellaire quand il y en a plusieurs. Les carpelles peuvent être libres ou adhérents entre eux. Ils peuvent se souder par leurs bords, et former ainsi une cavité uniloculaire. On reconnaît dans ce cas, sur le dos de l'ovaire, la trace de la soudure ; elle prend le nom de suture. On peut quelquefois la confondre avec la nervure médiane du carpelle. Les carpelles peuvent se souder par une partie recourbée vers l'intérieur de l'ovaire, qui forme des cloisons. Celles-ci peuvent être complètes ou incomplètes. Elles sont complètes quand elles arrivent jusqu'à l'axe central, incomplètes si elles ne l'atteignent point. Quand on coupe en travers un ovaire composé, on y trouve un nombre de loges en général égal à celui des carpelles qui se sont soudés en se repliant sur eux-mêmes. S'il y a deux loges, on dit que l'ovaire est biloculaire ; s'il y en a trois, triloculaire, et ainsi de suite.

Le lieu où les ovules ou bien les graines s'insèrent se nomme placenta ou placentaire : on l'appelle encore podosperme. Dans le plus grand nombre des cas, la ligne des placentas suit les bords de la feuille carpellaire, et par conséquent, lorsque cette feuille est complètement repliée, de manière que les bords se touchent et s'unissent en formant par cette union un angle qui correspond à l'axe de la fleur, c'est cet angle qu'occuperont les placentas. On dit alors que la *placentation est axile*. (Jussieu.)

La placentation est centrale lorsqu'elle occupe le centre sans communiquer avec les parois. Le pivot placentaire se nomme dans ce cas *columelle*. Elle est pariétale lorsque les bords carpellaires ne s'avancent point dans l'intérieur de la loge, de telle manière que les ovules ou les graines semblent insérées sur les parois.

Le moyen d'union entre l'ovule ou le fruit et le placenta est un petit filet que l'on nomme funicule ou cordon ombilical.

Nous avons dit que les carpelles du gynécée pouvaient se souder ou rester libres. Ces carpelles peuvent encore se souder avec ceux d'un verticille extérieur ; le plus ordinairement c'est avec le calice. On dit que l'ovaire est adhérent lorsque cette soudure a lieu. Dans ce cas, on dit encore que l'ovaire est *infère* et le calice *supère*. En réalité, cela n'existe pas : le limbe seul du calice qui est libre est supère. On dit, par opposition, que l'ovaire est *supère* et le calice *infère* quand il n'existe point d'adhérence entre les carpelles du gynécée et du calice. Le mot *supère* signifie au-dessus, et *infère* au-dessous.

L'ovaire repose sur le sommet du pédoncule, qu'on nomme réceptacle. On lui donne particulièrement le nom de *gynophore* quand il offre un renflement devenu plus ou moins charnu et qu'il supporte les carpelles du pistil ; cela a lieu dans la fraise.

Quelquefois, l'ovaire s'applique sur le réceptacle par l'intermédiaire d'une espèce de pédoncule, qui est dû à l'amincissement de la partie inférieure de l'ovaire : on donne à ce pédoncule le nom de *podogyne* (de πούς, ποδός, pied, et de γυνή, femelle). L'ovaire qui a un podogyne est dit stipité.

L'ovaire prend le nom de *gynobasique* lorsqu'il est inséré sur un réceptale élargi qu'on nomme gynobase, et que le style s'enfonce à travers l'axe de l'ovaire et semble naître du disque ou réceptacle.

L'ovaire est dit *sessile* quand il repose directement sur le pédoncule, sans support intermédiaire particulier.

DE QUELQUES ORGANES ANNEXÉS A CEUX DE LA REPRODUCTION.

1° *Des nectaires.* — Les nectaires sont des glandes dont le caractère distinctif est de naître sur le torus ou réceptacle, ou bien sur une partie quelconque de la fleur. On a aussi appliqué le mot nectaire à différentes parties des fleurs, qui ne sont pas des organes proprement dits.

2° *Des bractées.* — On appelle *bractées* ou feuilles florales les feuilles qui accompagnent les fleurs. Elles prennent principalement le nom de bractées lorsqu'elles ont subi une légère modification, soit dans la couleur, soit dans la forme, soit dans la grandeur.

Elles conservent le nom de feuilles florales quand elles présentent le même caractère que les autres feuilles de la tige.

Les bractées peuvent être alternes, opposées, verticillées, etc.

Quand les bractées entourent une ou plusieurs fleurs et qu'elles paraissent les protéger, leur ensemble prend le nom d'*involucre*. Les involucres partiels prennent les noms d'involucelles. L'involucre des fleurs composées s'appelle encore péricline.

L'involucre s'appelle cupule quand il forme une petite coupe qui entoure la base de la fleur. Exemple, la cupule du gland du chêne. La cupule est *squammacée* quand elle est formée par des écailles imbriquées ; cela a lieu dans le chêne : *foliacée* quand elle est formée de folioles, comme dans la noisette du coudrier ; *péricarpoïde* quand elle présente la forme d'un péricarpe, comme cela a lieu dans le châtaignier.

L'involucre s'appelle *calycule*, quand il entoure une seule fleur et qu'il est très-rapproché des enveloppes extérieures de celles-ci (dans le fraisier). L'involucre prend le nom de *spathe*, lorsqu'il est membraneux et qu'il enveloppe la fleur avant son épanouissement. On appelle *glume* l'enveloppe interne de la fleur des graminées. On appelle *lépicène* l'enveloppe externe.

De la préfloraison ou estivation.

On entend par préfloraison la disposition qu'affectent les parties d'une fleur dans le bouton qui les renferme. Chaque espèce d'organes forme un verticille dont les divisions sont ou à la même hauteur, et alors on dit que le verticille est vrai, ou bien elles ne sont point à la même hauteur, et alors elles forment une *spirale* surbaissée.

Le verticille vrai comprend : 1° la PRÉFLORAISON VALVAIRE ; 2° la PRÉFLORAISON TORDUE.

La *préfloraison valvaire* est celle où les parties du verticille se tournent bord à bord.

La *préfloraison tordue* est celle où les parties du verticille se superposent.

La spirale surbaissée comprend : 1° La PRÉFLORAISON IMBRIQUÉE ; 2° la PRÉFLORAISON QUINCONCIALE.

La première est ordinairement formée de cinq parties se recouvrant toutes réciproquement.

La seconde est formée également de cinq parties, dont deux internes, deux externes et une intermédiaire.

De la symétrie dans les fleurs.

La symétrie exprime la similitude qui existe entre les parties homologues ou hétérologues, similitude qui peut être relative à la forme, au nombre, à l'isolement et à la position des parties. La symétrie de forme a lieu quand toutes les pièces d'un même verticille se ressemblent ; celle de nombre, quand tous les verticilles ont la même quantité de parties ; la symétrie de disjonction est parfaite quand il n'existe aucune adhérence entre les verticilles ou bien entre les pièces de ceux-ci ; la symétrie de position a lieu quand toutes les pièces des verticilles alternent entre elles.

De l'inflorescence.

On entend par le mot *inflorescence* deux choses : 1° la disposition des fleurs sur la tige ou ses rameaux ; 2° un ensemble de fleurs qui ne sont point séparées par des feuilles ordinaires. Le pédoncule peut porter directement une fleur, il peut être au contraire ramifié : ces ramifications portent le nom de pédicelles. On nomme *axe primaire* de l'inflorescence le pédoncule d'où naissent tous les autres axes ; ceux-ci sont dits secondaires, tertiaires, etc., selon l'ordre dans lequel ils se montrent.

L'inflorescence est *indéfinie* ou *axillaire*, lorsque l'axe primaire, au lieu de se terminer par une fleur, s'allonge indéfiniment, et ne fleurit que par l'intermédiaire des axes secondaires de divers degrés, nés à l'aisselle de ses feuilles ou de ses bractées (réséda). L'inflorescence est dite *définie* ou *terminale*, lorsque l'axe primaire est terminé par une fleur, aussi bien que les autres axes d'ordres inférieurs émanés de lui (Lemaout). Les inflorescences *indéfinies* sont : la grappe, le panicule, le corymbe, l'ombelle, l'épi, le capitule, le chaton, le cône, le spadice, le sycone. Plusieurs d'entre elles peuvent être simples ou composées.

L'inflorescence définie est la cyme qui peut être dichotome, trichotome, scorpioïde.

I. *Inflorescences indéfinies simples, c'est-à-dire à fleurs placées au sommet des axes secondaires.*

Fleurs pédonculées. — 1° La *grappe simple.* Disposition dans laquelle les axes secondaires sont à peu près tous égaux et uniflores.

2° Le *corymbe simple* a des axes secondaires inégaux qui portent des fleurs arrivant à peu près à la même hauteur.

3° La *sertule* ou l'*ombelle simple* offre des axes secondaires partant d'un même point et arrivant à la même hauteur.

Fleurs sessiles sur l'axe primaire. — 1° L'*épi*. On entend par là une inflorescence dont l'axe primaire porte des fleurs sessiles. La verveine offre un épi simple.

2° Le *chaton* est une inflorescence unisexuée dont l'axe, articulé à sa base, se détache et tombe tout d'une pièce.

3° Le *cône,* c'est l'inflorescence des pins. Les écailles sont devenues ligneuses.

4° Le *spadice,* c'est une sorte d'épi enveloppé d'un involucre qui prend le nom de spathe ; l'axe primaire est charnu, les fleurs sessiles et les sexes sont généralement séparés (fleur de l'arum).

5° Le *capitule,* disposition de fleurs dans laquelle l'axe secondaire est aplati et prend le nom de réceptacle ou de torus (fleurs composées).

6° Le *sycone.* On donne ce nom à une inflorescence dans laquelle les fleurs se trouvent à l'intérieur d'un réceptacle, ou bien à l'extérieur d'un réceptacle plan (le figuier).

II. *Fleurs placées au sommet des axes tertiaires, ou inflorescences indéfinies composées.* — 1° Le *panicule.* Il se compose d'un axe primaire allongé portant des axes secondaires ramifiés, terminés par des fleurs. La forme du panicule est ordinairement pyramidale.

2° Le *thyrse.* Il ne diffère point du panicule, sinon que les axes secondaires de la partie moyenne sont plus développés que ceux du sommet et de la base (le lilas).

3° Le *corymbe composé* a des axes tertiaires partant de points différents de l'axe secondaire; l'ensemble des fleurs arrive à la même hauteur.

4° L'*ombelle composée* a des axes secondaires et tertiaires partant suivant leurs rangs respectifs des mêmes points.

5° L'*épi composé* porte sur son axe primaire des épillets composés (le froment, etc.).

III. *Inflorescence définie*. — La cyme est une inflorescence définie qui imite toutes les inflorescences indéfinies, mais dont l'axe primaire est lui-même terminé par une fleur.

La cyme scorpioïde est une espèce de grappe simple s'enroulant à son extrémité terminale et dont les fleurs n'occupent que le côté convexe de l'axe roulé (l'héliotrope, etc.).

§ III. — DU FRUIT.

Le fruit est le résultat de l'accroissement de l'ovaire après la fécondation des ovules.

Avant d'étudier le fruit, nous dirons un mot de l'ovule, c'est-à-dire de la graine avant la fécondation.

L'ovule à l'état le plus simple est une utricule attachée au placenta. Cette utricule prend le nom de nucelle. Bientôt, autour de cette utricule ou nucelle, se forme un bourrelet qui prend le nom de *secondine*. Il se forme ensuite un second bourrelet qui est appelé *primine*. Les deux bourrelets laissent un espace ouvert qui est appelé pour la *secondine* endostome. L'espace libre de la primine se nomme exostome. La réunion de ces deux ouvertures forme le micropyle. Le funicule s'insère sur la primine.

Le *nucelle* se creuse d'un sac qu'on a appelé sac embryonnaire. Ce sac est destiné à recevoir la plantule après la fécondation. Ce sac peut être refoulé par le nucelle, ou bien celui-ci peut l'être par l'embryon.

Les ovules sont appelés droits ou orthotropes quand le hile (c'est l'endroit où s'insère le funicule) et la chalaze (c'est le lieu où se fait l'épanouissement des vaisseaux qui entrent par le hile) sont diamétralement opposés au micropyle.

L'ovule est *courbé* ou *campulitrope*, lorsque le hile et la chalaze se correspondent exactement, et que le micropyle est placé à côté d'eux.

L'ovule est dit *réfléchi* ou *anatrope* quand la chalaze quitte le hile et prend la place du micropyle, et que celui-ci vient se mettre en contact avec le hile. Les vaisseaux nourriciers, qui suivent la marche de la chalaze forment un bourrelet qu'on a appelé *raphé*.

L'ovule a été l'objet d'études spéciales pour plusieurs auteurs. Ils ont donné à ses différentes parties des noms particuliers que nous allons rapprocher afin de rendre plus facile l'étude de l'ovule à ceux qui consulteraient ces auteurs.

MIRBEL appelle *primine* l'enveloppe externe, *secondine* celle qui suit immédiatement, *tercine* le nucelle lui-même, *quartine* une membrane qui se forme quelquefois entre le nucelle et le sac embryonnaire, et dont l'existence très-rare et très-passagère l'a fait négliger par plusieurs auteurs : *quintine* le sac embryonnaire lui-même.

MIRBEL.	ROBERT-BROWN.	AD. BROGNIART.
Primine.	Testa.	Testa.
Secondine.	Membrane interne.	Tegmen.
Tercine.	Nucleus.	Amande
Quartine.		
Quintine.	Amnios.	

DU FRUIT. — Le fruit a deux parties essentielles et entièrement distinctes. La première est formée par le carpelle qui prend dans le fruit le nom de *péricarpe*. Celui-ci est composé par trois espèces de tissus qui sont : 1° l'épicarpe, 2° le mésocarpe ou sarcocarpe, 3° l'endocarpe. Le premier tissu est l'enveloppe la plus externe, c'est en quelque sorte l'épiderme du fruit. Le second (sarcocarpe ou mésocarpe) est le parenchyme intermédiaire qui devient charnu dans quelques fruits, comme dans la pomme par exemple. Le troisième est celui qui entoure immédiatement la graine. On peut le regarder comme l'épiderme supérieur de la feuille carpellaire.

La *graine* est la partie du fruit destinée à reproduire le végétal qui l'a fournie. Elle se compose de trois parties : 1° d'une enveloppe qu'on appelle *épisperme* ou *tégument*, 2° d'une amande, *endosperme* ou *albumen*, 3° d'un *embryon*.

L'enveloppe de la graine offre quelquefois de petits appendices. On appelle *caroncule*, un petit renflement charnu placé au sommet de la graine (ricin). On nomme *arille* une expansion du funicule qui enveloppe plus ou moins complétement la graine.

L'enveloppe est formée de deux parties : le testa, qui est la plus extérieure, représente la primine : le tegmen ou endoplèvre, qui est plus intérieure, représente la secondine. L'endosperme ou albumen manque quelquefois, quelquefois il est farineux, charnu, oléagineux, etc. L'embryon est la plante à l'état rudimentaire. Il est formé : 1° d'une partie ascendante nommée *tigelle;* 2° d'une partie descendante nommée *radicule;* 3° d'un bourgeon nommé *gemmule*, d'une ou deux feuilles nommées cotylédons. De là les noms de monocotylédon, dicotylédon. L'embryon est encore appelé quelquefois *plantule.*

La déhiscence est la manière dont le péricarpe mûr s'ouvre pour laisser échapper les graines. Les fruits dont le péricarpe s'ouvre spontanément sont appelés *déhiscents*; ceux dont le péricarpe ne s'ouvre point sont appelés *indéhiscents*. Ceux-ci sont charnus ou bien secs.

La déhiscence est longitudinale, transversale; elle se fait par des trous, elle est valvaire. Celle-ci présente trois modes différents : 1° la déhiscence est *septicide*, lorsque les carpelles soudés se séparent tout entiers les uns des autres par le décollement des cloisons qu'ils avaient formées en se soudant. La déhiscence est *loculicide,* lorsqu'elle se fait par les sutures dorsales; chaque valve est composée de deux moitiés de carpelle provenant de deux carpelles différents. La déhiscence est *septifrage* lorsque la séparation des valves se fait par la suture marginale, et que les cloisons restent intactes au centre (pomme épineuse).

CLASSIFICATION DES FRUITS.

La science possède un grand nombre de classifications; nous allons donner celle de M. Richard. Il admet quatre divisions : 1° *les fruits apocarpés*, 2° *les fruits polycarpés*, 3° *les fruits syncarpés*, 4° *les fruits synanthocarpés*. La première classe comprend les fruits n'ayant qu'un carpelle ou un ovaire simple uniloculaire. Cette classe renferme : 1° des fruits *secs indéhiscents*, 2° des fruits *secs déhiscents*, 3° des fruits *charnus*.

1re CLASSE. — I. FRUITS SECS INDÉHISCENTS. — 1° Le *cariopse,* c'est le fruit dont le péricarpe mince est confondu avec l'amande (sarrasin, froment).

2° L'*akène* est celui dont le péricarpe n'est pas adhérent, (renoncule).

3° La *samare,* c'est le fruit qui a sur ses côtés deux appendices en forme d'ailes.

II. FRUITS SECS DÉHISCENTS. — 1° Le *follicule* est le fruit qui s'ouvre d'un seul côté et ne forme qu'une valve.

2° La *gousse* ou *légume,* est le fruit qui s'ouvre en deux valves et dont le placenta ne se trouve que d'un côté.

3° La *casse* diffère de la gousse par une cloison qui sépare chaque graine.

4° La *pyxide,* c'est un fruit uniloculaire s'ouvrant transversalement.

III. Fruits charnus. — 1° La *drupe* est un fruit charnu contenant un noyau. La noix ne diffère de la drupe que par son péricarpe moins succulent et plus coriace.

2e Classe. — Fruits polycarpés, multiples ou agrégés. — Cette classe comprend les fruits qui résultent d'une même fleur ayant plusieurs carpelles séparés les uns des autres. On retrouve dans cette classe les espèces qui ont été décrites dans la première.

3e Classe. — Fruits syncarpés. Les fruits syncarpés sont ceux qui sont formés par la réunion de plusieurs carpelles soudés ensemble. Cette classe renferme des fruits secs déhiscents, des fruits secs indéhiscents et des fruits charnus.

I. Fruits secs indéhiscents. — 1° *Le polakène,* c'est une réunion de plusieurs akènes.

2° La *samaridie,* c'est une réunion de plusieurs samares.

3° Le *gland,* fruit provenant d'un ovaire infère, pluriloculaire et polysperme.

4° La *carcérule* est un fruit sec, pluriloculaire, polysperme, indéhiscent et dont les loges ne se séparent pas les unes des autres. Ex. tilleul. (Richard.)

II. Fruits secs déhiscents. — 1° La *silique,* fruit allongé, arrondi, ayant deux placentas ou traphospermes et deux valves.

2° La *pyxidie* est une pyxide composée.

3° L'*élatérie,* fruit souvent relevé de côtés, se partageant naturellement à sa maturité en autant de coques distinctes, souvent longitudinalement, qu'il présente de loges comme dans les euphorbiacées.

4° La *capsule.* On appelle ainsi tous les fruits qui ne peuvent rentrer dans ceux qui sont précédemment étudiés.

III. Fruits charnus. 1° La *nuculaine,* est un fruit charnu contenant plusieurs petits noyaux ou nucules. Ex., fruit du sureau.

2° L'*amphysarque,* est un fruit pluriloculaire, polysperme, indéhiscent, dur et comme ligneux extérieurement, charnu et pulpeux à son intérieur. (Richard.) Ex., fruit du baobab, du callebassier.

3° La *péponide,* fruit charnu à une seule loge contenant un grand nombre de graines attachées à des traphospermes pariétaux (melon).

4° La *mélonide* est un fruit charnu provenant de plusieurs

ovaires pariétaux réunis et soudés avec le calice. Ex., poire, pomme.

5° L'*hespéridie* est un fruit charnu dont l'enveloppe est très-épaisse, divisée intérieurement en plusieurs loges par des cloisons membraneuses qu'on peut dédoubler sans aucun déchirement, chaque loge étant remplie d'un tissu utriculaire très-succulent dans lequel se trouvent les graines. Ex. l'orange. (Richard.)

6° La *baie* est un fruit charnu sans noyau.

4e CLASSE. — FRUITS SYNANTHOCARPÉS OU COMPOSÉS. Cette classe renferme des fruits provenant de fleurs distinctes les unes des autres. Elle contient : 1° le *cône*, qui est un fruit dont les carpelles dépourvus de style et de stygmate restent ouverts. Ce fruit peut être conique comme dans les pins, ou former une tête globuleuse (cyprès).

2° La *sorose* est une réunion de fruits soudés en un seul corps par l'intermédiaire de leurs enveloppes florales, charnues, très-développées et entre-greffées, de manière à ressembler à une baie mamelonnée (fruit du mûrier).

3° Le *cycône*, c'est la figue ou fruit du figuier.

DEUXIÈME PARTIE

PHYSIOLOGIE VÉGÉTALE.

DÉFINITION. — La physiologie est la science qui a pour objet l'étude des fonctions qui s'accomplissent dans les êtres organisés, jouissant encore de la vie.

DES CAUSES DES PHÉNOMÈNES ORGANIQUES DANS LES VÉGÉTAUX.

Les premières causes, celles qui dominent toutes les autres, sont immédiatement placées sous l'influence de la vie. Elles appartiennent à l'organisation viable et vivante et on peut les regarder comme des propriétés inhérentes de celle-ci. De là, les noms de *propriétés vitales, propriétés organiques*, qu'on leur a donnés. Mais, outre leur qualité de propriété, elles ont encore celle de produire des actions qu'on ne peut expliquer au moyen des forces physiques ou chimiques; c'est pourquoi on les appelle encore *forces vitales*.

Il ne faut pas confondre le mot *force* avec le mot *propriété*. La première est l'effet d'une puissance dont la nature nous échappe, la seconde est l'attribut d'un organisme qui nous est toujours plus ou moins connu.

On peut ranger en trois grandes catégories les causes des phénomènes organiques dans les végétaux. La première comprendra celles que nous avons appelées *forces vitales*, et qui sont: 1° *l'extensibilité;* 2° *l'irritabilité;* 3° *la contractilité*.

Ces trois forces n'existent qu'autant que la vie, agent mystérieux dont l'essence nous échappe, existe dans les êtres organisés.

La seconde catégorie comprend :

LES FORCES	1° PHYSIQUES.	Chaleur, électricité, lumière. Hygroscopicité, capillarité.
	2° CHIMIQUES.	Forces de composition. Forces de décomposition.
	3° PHYSICO-ORGANIQUES.	Endosmose. Exosmose.

On entend par *excitabilité*, la propriété fondamentale sous l'influence de laquelle sont placées la contractilité et l'irritabilité. C'est cette excitabilité qui est particulièrement mise en jeu par l'air, la chaleur, l'humidité et l'électricité, agents qui sont sans résultats sur la matière inerte.

L'irritabilité est une exagération locale de l'excitabilité. Cette irritabilité existe particulièrement à certaines époques ou à certains moments dans les plantes. Chez quelques-unes, elle est permanente; ainsi, dès qu'on touche les feuilles de la sensitive, elles se replient sur elles-mêmes. Les étamines de l'épine-vinette se jettent brusquement sur le pistil quand on en titille la base, etc.

La contractilité est cette propriété en vertu de laquelle l'organe excité réagit. C'est elle qui préside au mouvement de la séve, etc.

On trouvera dans le *Traité de Physique* l'explication de la chaleur, de la lumière, etc. La *Chimie* parlera des forces de composition et de décomposition.

L'endosmose, est cette force en vertu de laquelle deux liquides de densité différente, séparés par une membrane animale ou végétale, comme une vessie ou une gousse de baguenaudier, pénètrent chacun à travers la membrane dans le liquide opposé, de telle manière que le moins dense pénètre en proportion plus considérable dans le plus dense, dont le niveau se trouve ainsi élevé. Toute endosmose entraîne nécessairement une exosmose.

Les causes de la seconde catégorie sont sous la dépendance des premières, car à elles seules elles ne peuvent pas provoquer l'accomplissement des phénomènes organiques.

DES FONCTIONS DANS LES VÉGÉTAUX.

On a défini la fonction : un ensemble d'actes concourant à un but commun, c'est-à-dire que la fonction est un phénomène complexe, qui en comprend en sous-ordre plusieurs autres. Il y a deux classes de fonctions dans les végétaux, mais chacune d'elles présente un certain nombre d'actes. Le tableau suivant va en donner une idée :

1re CLASSE. Fonctions individuelles ou de nutrition.	ACTES DE LA VIE VÉGÉTATIVE JOURNALIÈRE	Absorption. Circulation Élaboration ou digestion. Sécrétions.	*respiration* *exhalaison* *ou* *transpiration*	NUTRITION ET ACCROISSEMENT.
	ACTES TEMPORAIRES	Feuillaison et effeuillaison. Floraison et défloraison. Veille et sommeil. Mouvement.		
2e CLASSE. Fonctions de reproduction		Acte du sexe mâle. Acte du sexe femelle. Génération.		FÉCONDATION.

PREMIÈRE CLASSE.

FONCTIONS INDIVIDUELLES ou DE NUTRITION

DES FONCTIONS JOURNALIÈRES.

DE L'ABSORPTION. — L'absorption est la fonction par laquelle les organes des plantes prennent dans le milieu où ils se trouvent les substances nécessaires à la nutrition du végétal. L'absorption se fait par les racines et par les feuilles. Dans les racines, les spongioles seules sont destinées à cette fonction.

Le transport du liquide dans les parties végétales se fait au moyen de la succion. Un vide se fait : dans les spongioles, l'équilibre du liquide contenu dans le sol est rompu et il se porte vers l'endroit où le vide existe.

Aussitôt que le liquide est en rapport avec les spongioles, la contractilité des cellules est mise en jeu : celle-ci aidée par l'hygroscopicité, par l'endosmose, etc., fait élever le liquide vers les parties supérieures du végétal.

L'eau est dans les végétaux le véhicule de tout agent nutritif. Tout agent nutritif pour être introduit dans l'économie végétale doit être dissous.

DE LA CIRCULATION. — Il y a dans les végétaux, comme dans les animaux, une circulation, c'est-à-dire un liquide décrivant dans son mouvement un cercle plus ou moins apparent. Ce liquide dans les végétaux est appelé séve.

La séve est incolore, généralement d'une densité un peu plus considérable que l'eau, et elle a des qualités différentes suivant qu'on la prend dans son cours ascendant ou dans son cours descendant.

La circulation dans les animaux a deux directions manifestes : l'une est *centrifuge* (artérielle), l'autre est *centripète* (veineuse). La circulation dans les végétaux a une direction analogue : centrale d'abord, elle devient centrifuge lorsqu'elle a passé par les feuilles où elle acquiert un dernier degré d'élaboration par la transpiration et l'absorption qui s'y fait.

La circulation peut être étudiée d'une manière générale ; on peut l'étudier dans les utricules, on l'appelle dans ce cas *giration ;* on peut enfin l'étudier dans les vaisseaux propres, c'est la *cyclose.*

Circulation générale. — La séve, avons-nous vu, est prise par la succion dans le sein de la terre par les spongioles radicales.

Des spongioles, la séve se dirige vers la partie centrale du bois et monte de cellule en cellule, de vaisseaux en vaisseaux, jusqu'aux feuilles. Le physicien Coulon a le premier découvert la partie où se fait cette ascension. Pour lui, elle se fait seulement dans la partie centrale de la plante. D'autres physiologistes croient qu'elle se fait dans tout le duramen.

Arrivée aux feuilles, que devient la séve ? Cette question, si simple en apparence, a profondément divisé les physiologistes. Selon le plus grand nombre, la séve descend entre le bois et l'écorce et forme de nouveaux tissus. D'autres, au contraire, n'admettent pas de séve descendante (Chenu). Le fait suivant appuie la théorie des premiers. Si l'on fait une ligature à un arbre dicotylédoné, on voit au-dessus de cette ligature un renflement considérable de l'écorce dû au dépôt séveux, tandis que la partie du tronc au-dessous de cette ligature ne grossit plus

De la giration. — Dans certaines plantes, les utricules sont le siége d'un mouvement particulier bien évident. Ce mouvement se fait constamment de la paroi extérieure à la paroi intérieure. Il monte de là vers la paroi supérieure, et il a ainsi deux directions : l'une oblique ou verticale, l'autre horizontale. Le courant se manifeste par la présence de granulations contenues dans la séve.

De la cyclose. — La cyclose est la circulation du latex dans ses vaisseaux propres. Le latex est un liquide généralement coloré, quelquefois cependant incolore. Il est composé de deux parties distinctes : l'une liquide, l'autre, solide, est tenue en suspension dans le liquide. Lorsqu'on abandonne le latex à lui-même, ces deux parties se séparent à l'instar du sérum et du caillot du sang. La coloration du latex est due aux globules qui forment sa masse solide.

La circulation du latex présente une foule de directions, mais elle est en définitive descendante. La cyclose a été découverte par M. Schultz.

DE L'ÉLABORATION.— *La transpiration.*— La transpiration est la fonction par laquelle l'eau surabondante dans la séve est rejetée dans l'atmosphère.

Cette fonction a été prouvée par le physicien Haller, au moyen de l'expérience suivante : il prit un pot vernissé, y plaça un helianthus annicus (soleil annuel), le recouvrit d'une plaque de plomb dans laquelle il avait percé deux trous, l'un pour laisser passer la tige, l'autre pour l'arroser. Il constata par la différence des poids la déperdition de l'eau.

Haller observa qu'en douze heures, par un jour sec et chaud, un chou perd 7 à 8 hectogrammes (25 onces) par la transpiration de ses feuilles; qu'un soleil de 1m20 de haut perd plus de 9 hectogrammes (30 onces), et qu'un hectare de houblon transpire 2,400 pintes d'eau.

DE LA RESPIRATION. — Les plantes ont une respiration complexe, c'est-à-dire qu'elle se fait, d'une part, au moyen d'un parenchyme, comme dans les animaux supérieurs. L'air est mis directement en contact avec la séve dans ce tissu. D'une autre part, elle se fait par des trachées comme dans les animaux inférieurs, c'est-à-dire que l'air va trouver le liquide avec lequel il doit être mis en rapport.

La respiration offre quelques différences dans les feuilles aériennes et les feuilles aquatiques. Dans les premières, l'air entre par les stomates ; dans les secondes, il n'y a point d'épiderme ni de stomates : elles absorbent l'air contenu en dissolution dans l'eau. La lumière exerce une influence manifeste sur la respiration. Pendant le jour, la plante absorbe et décompose l'acide carbonique de l'air; elle fixe le carbone et rejette l'oxygène. Le phénomène de la décomposition est inverse pendant la nuit, c'est-à-dire que la plante absorbe l'oxygène et rejette l'acide carbonique.

DES SÉCRÉTIONS.— Les sécrétions végétales sont toutes primitivement liquides où volatiles. Plus tard, après avoir été liquides, elles se solidifient, exemples : la manne, le caoutchouc, etc. Les sécrétions se font par les seules forces organiques et par toutes les parties du végétal, quoiqu'il y en ait qui soient plus spécialement destinées à cet usage. Les sécrétions ont été divisées en récrémentielles, ce sont celles qui doivent entrer dans l'économie pour satisfaire à quelques usages particuliers, et en excrémentielles, qui sont celles qui doivent être rejetées au dehors.

Les principales sécrétions récrémentielles sont la *cellulose,* qui forme la charpente du végétal, le *ligneux* ou matière incrustante, le *cambium*, qui est le fluide nourricier des gommes, des résines, des alcaloïdes, etc.

Les matières excrémentielles sont des substances pulvérulentes destinées à protéger : telle est la poussière blanchâtre qui recouvre les prunes, des matières gommeuses trop abondantes pour servir à la nutrition : enfin une foule de substances impropres à la conservation de l'individu.

DE LA NUTRITION. —Le carbone, l'oxygène, l'hydrogène, sont les éléments primitifs de la trame des végétaux et des substances qui y sont contenues. L'azote fait quelquefois partie de quelques-unes de ces substances; le carbone du végétal provient de l'acide carbonique de l'air et de l'humus enfoui dans la terre. L'oxygène est fourni par l'eau qui est décomposée dans le végétal et par l'air, car l'oxygène de celui-ci n'est pas entièrement rejeté. L'azote est fourni par l'air et les engrais ammoniacaux. Ces substances dissoutes dans l'eau sont entrainées dans le végétal et conduites vers les parties vertes supérieures; là, elles reçoivent l'influence de la lumière qui les décompose, les modifie, les rend propres à l'assimilation, en leur donnant le caractère des substances végétales

Le fluide nourricier ainsi préparé parcourt tous les tissus et fournit à chacun les matériaux propres à sa conservation et à son accroissement. Cet acte vital, qui ne se fait qu'en vertu d'une force propre, est nommé *assimilation*.

DE L'ACCROISSEMENT.—On doit étudier séparément l'accroissement dans les plantes monocotylédonées et dans les plantes dicotylédonées, car il se fait, dans chacun de ces embranchements d'une manière différente.

Accroissement des plantes monocotylédonées.—L'accroissement en hauteur se fait par le bourgeon terminal; celui-ci contient le rudiment d'une tige qui se prolonge dans chacun de ses mérithalles.

L'accroissement en grosseur se fait du centre à la périphérie; il ne peut avoir lieu qu'autant que les fibres de la périphérie peuvent encore se laisser distendre. Des fibres nouvelles s'ajoutent continuellement à celles qui sont les plus extérieures et servent à durcir leur masse par la pression qu'elles exercent entre elles.

Mirbel a cru que la tige était formée par la soudure des feuilles entre elles.

ACCROISSEMENT DES TIGES DYCOTYLÉDONÉES. — « La formation « annuelle des couches ligneuses est due au cambium, qui. « chaque année, fournit les matériaux d'une nouvelle couche « de l'aubier et d'une nouvelle couche du liber. » (*Chenu.*)

L'accroissement en hauteur se fait par le bourgeon terminal qui donne, chaque année, naissance à un nouveau scion.

DES FONCTIONS TEMPORAIRES.

Feuillaison.—L'hiver est un temps d'arrêt pour la végétation des plantes de notre climat. Aussitôt que la chaleur a excité l'action vitale, l'organisation s'anime, la séve raréfiée dans les vaisseaux commence à se remplacer ; les bourgeons formés l'année précédente se grossissent et se développent ; les feuilles et les fleurs apparaissent. Cette apparition des feuilles a généralement lieu avant celle des fleurs; cependant nous voyons le contraire pour quelques plantes, le bois-gentil par exemple.

Défeuillaison.—Le phénomène remarquable de la chute des feuilles est pour nous le signe prochain de l'hiver. La chute des feuilles est constante dans toutes les plantes. Quelques arbres cependant gardent ces organes pendant plusieurs années (le sapin); d'autres conservent leur feuillage pendant l'hiver, quoiqu'ils soient desséchés : exemple, le charme.

La cause de la chute des feuilles n'est pas le froid, puisque ce phénomène existe également dans les pays chauds ; cette cause est la mort de la feuille ; cette mort arrive par asphyxie. La séve, entraînée vers les feuilles, contient des substances solides en dissolution qui se déposent dans leur parenchyme ; ce dépôt y arrête la circulation, la respiration et enfin la vie.

La preuve que cela se passe ainsi, c'est que les plantes qui respirent peu, comme celles dont les feuilles sont enduites de matière résineuse, n'attirent pas autant de substances solides dans leur parenchyme, et ainsi peuvent résister plus longtemps à la mort. Il y a quelques arbres dont les feuilles, quoique mortes, persistent sur la tige qui les porte : c'est que tout mouvement organique a cessé. Au printemps suivant, dès que la réaction vitale se fait sentir, la tige se développe, la feuille morte, devenue inerte désormais, ne peut plus suivre le mouvement et elle s'arrache de la tige. La preuve que c'est le mouvement vital qui cause ici la chute de la feuille, c'est que, si on enlève une branche à ces mêmes arbres où les feuilles persistent desséchées sur la tige, et qu'on laisse dessécher cette branche arrachée avec les feuilles mortes qu'elle porte, le mouvement vital n'y existant plus, les feuilles ne tombent pas.

On doit ajouter comme causes secondaires de la chute des feuilles, les vents, la pluie, etc. Toutes les feuilles ne tombent pas avec la même facilité; celles qui sont articulées ont une chute plus rapide et plus facile. La feuillaison et la défeuillaison n'ont pas lieu à la même époque pour tous les végétaux. Ceux dont la feuillaison est rapide ont la défeuillaison également rapide. Il y a peu d'exceptions à cette règle.

DE LA FLORAISON OU ANTHÈSE. — La floraison a généralement lieu après la feuillaison, sauf quelques exceptions.

La feuille prépare des sucs nutritifs pour la fleur. Celle-ci sort de son bourgeon après y avoir été longtemps retenue. Ce bourgeon est ordinairement court et gros, assez régulièrement ovale. Le développement des fleurs avant qu'il y ait des feuilles s'explique par un dépôt de sève qui se fait à la base de chaque bourgeon l'année précédente et qui sert au printemps de nourriture à la jeune fleur.

La lumière paraît être une des causes qui agissent le plus efficacement pour la déhiscence des fleurs. Selon M. DUTROCHET les nervures qu'on remarque sur chacun des pétales soudés dont se compose la corolle gamosépale sont le siége de ce mouvement. Ces nervures sont composées de cellules qui se gonflent: cette dilatation provoque l'épanouissement.

Toutes les plantes ne fleurissent pas à la même époque de l'année. On les a groupées en quatre catégories qui prennent le nom des saisons où elles s'épanouissent. L'idée du Calendrier de Flore imaginé par Linné est basée sur cette particularité.

DE LA DÉFLORAISON. — La fécondation étant accomplie, les organes de la fleur périssent et tombent. Le calice cependant persiste souvent et accompagne le fruit dans son développement: quelquefois il se développe avec lui, quelquefois c'est la corolle qui persiste. Les autres organes tombent parce que leur développement est complet et que la nourriture qui leur était destinée sert à l'accroissement du fruit.

VEILLE ET SOMMEIL. — Le sommeil n'est qu'un changement de position des parties constituantes de la fleur et quelquefois des autres organes des plantes et qui est l'image du repos. La veille consiste dans l'étalage des parties de la fleur et des différents organes des végétaux. La lumière exerce une grande influence sur ces phénomènes. En effet, il y a des fleurs qui s'ouvrent le jour et se ferment la nuit, et *vice versâ*. Certains phénomènes atmosphériques, tels que la pluie, exercent aussi la même influence sur quelques plantes. Ce phénomène peut s'expliquer par l'alternative de chaleur et de froid agissant sur la circulation ou bien encore par l'hygroscopicité que présentent ces plantes.

DU MOUVEMENT DANS LES PLANTES.— Certaines plantes, comme la dionée, la sensitive, sont douées d'un mouvement qui leur est propre et qui se manifeste sous une influence extérieure. Certains physiologistes attribuent ce mouvement à un choc léger communiqué par le dégagement de gaz qui excite l'irritabilité du végétal (LAMARK). D'autres expliquent ce phénomène par l'alternative de chaleur et de froid qui agit sur la circulation. Une autre opinion explique ce phénomène par l'action de la séve. On admet que les vaisseaux et les cellules perçoivent et transmettent l'action des agents extérieurs. Le mouvement se propage, la séve est refoulée vers le bourrelet pétiolaire où se passe le mouvement.

DEUXIÈME CLASSE.

REPRODUCTION.

FONCTIONS SEXUELLES.

Fonctions du sexe mâle. — La fonction du mâle commence à la déhiscence de l'anthère. Le pollen est alors jeté sur le stigmate. Dans les fleurs hermaphrodites les étamines sont généralement plus longues que le pistil. Linné a fait remarquer que les fleurs où les étamines étaient plus petites que le pistil avaient leur ouverture ordinairement dirigée vers la terre : Ex., le fuschsia.

Dans les plantes monoïques et dioïques l'atmosphère et les vents sont les intermédiaires de la fécondation. Dans quelques plantes, il est nécessaire que la main des hommes intervienne ou bien le travail des insectes, pour que la fécondation s'accomplisse. Lorsque le pollen est mis en contact avec le stigmate, les phénomènes suivants ont lieu : le pollen se gonfle par endosmose, les pores de l'exhyménine s'agrandissent et laissent passer l'endhyménine chargée de la favilla; l'endyménine forme alors en s'allongeant un tube qu'on a appelé boyau pollénique. Celui-ci traverse le tissu spongieux du style, entre par le mycropyle de l'ovule et va se mettre en contact avec l'embryon.

Fonctions du sexe femelle. — Le stigmate sécrète une humeur visqueuse destinée à retenir le pollen et à développer le boyau pollénique.

L'embryon n'est primitivement qu'un amas de cellules qui est fécondé par le contact du boyau pollénique. Selon MEYEN, l'embryon n'existe pas primitivement. Il se développe après l'action du boyau pollénique par l'accroissement de l'extrémité de ce boyau qui est coupé dans l'ovule par le resserrement du micropyle.

L'embryon présente quatre périodes de développement : 1° il se montre à l'état d'utricule simple; 2° il s'accroît et se présente sous la forme d'une masse d'utricules; 3° il prend la forme d'un axe allongé; 4° il se développe une gemmule, une radicule et des cotylédons.

DE LA GÉNÉRATION. — Les plantes se reproduisent de deux manières, 1° par graines; 2° par bourgeons.

Génération par graines. — Plusieurs qualités sont nécessaires pour que cette génération puisse avoir lieu. On peut les diviser en deux groupes. Le premier renfermera les qualités intrinsèques, c'est-à-dire propres à la graine; 1° la graine doit être fécondée; 2° elle doit être mûre; 3° elle ne doit pas être trop vieille. Le second groupe comprendra les qualités extrinsèques, c'est-à-dire indépendantes de la graine. Il faut pour qu'elle germe : 1° de la chaleur; 2° de l'air; 3° de l'humidité.

La chaleur moyenne, celle qui est la plus favorable à la germination, est de 20° à 25°. Une graine ne peut germer si la température est trop basse ou trop élevée.

L'air est également nécessaire à la germination. L'eau a pour effet de ramollir les téguments de la graine et l'albumen de celle-ci, d'être enfin le véhicule des substances nutritives.

Reproduction par bourgeons. — La reproduction par bourgeons a lieu, 1° par *greffes*; 2° par *marcottes*; 3° par *boutures*.

1° *Greffer*, c'est-à-dire enter, suivant certaines règles, sur une plante le bourgeon ou un rameau d'un autre arbre. La greffe a pour but de faire porter à un pied de qualité inférieure des fleurs ou des fruits de qualité supérieure.

2° *Marcottes.* — On fait une marcotte lorsqu'on met en contact avec le sol un point d'une tige ou d'un rameau ; il pousse à cet endroit des racines adventives. Lorsque celles-ci sont suffisamment développées pour nourrir la branche marcottée, on la sépare du pied-mère qui lui a fourni jusque-là les fluides nourriciers nécessaires à son accroissement; c'est ce qu'on appelle sevrer la marcotte.

3° *Bouture.* — Elle diffère de la marcotte en ce que la branche est séparée de la plante-mère avant d'être enfoncée en terre. Pour que la bouture réussisse bien, il faut qu'il y ait quelques bourgeons au-dessous du sol.

La *bouture simple* se fait avec une branche de la dernière pousse.

La *bouture à talon* est une bouture simple conservant la nodosité qui la joignait à la tige.

La *bouture en plançon* est une branche d'un à dix pieds de haut, ayant la forme de pieu. On s'en sert pour les saules, les peupliers, etc.

La *bouture avec bourrelet par étranglement ou incision* est une branche sur laquelle on a déterminé la formation d'un bourrelet par la ligature ou une incision faite dans la *saison précédente.* (V. l'*Encyclopédie d'histoire naturelle* de Chenu, partie Botanique.)

Les acotylédonés peuvent se propager de deux manières : 1° par division, comme nous venons de voir pour les classes plus parfaites; 2° par des corps reproducteurs appelés spores, sporules ou gongyles.

APPENDICE A L'ÉTUDE DE LA PHYSIOLOGIE.

J'étudierai dans ce chapitre plusieurs phénomènes que je n'ai point compris dans les deux grandes classes des fonctions végétales. J'ai agi ainsi pour ne point couper le cadre naturel que j'ai suivi par la description de ces quelques phénomènes. Je m'occuperai donc ici de la calorification, de la phosphorescence, de la coloration, des odeurs et des saveurs.

1° *De la calorification.* — La calorification est la propriété qu'ont les plantes de produire de la chaleur. Ainsi l'arum pied-de-veau fait élever le thermomètre de 8° à 10° centigrades au moment de la floraison.

Cette chaleur est produite par les phénomènes de compositions et de décompositions chimiques qui s'opèrent dans la plante et surtout par la combinaison du carbone et de l'oxygène. La graine en germant absorbe l'oxygène et produit de l'acide carbonique : c'est ce qui augmente la chaleur. On observe surtout ce phénomène quand on fait germer du grain en masse, comme cela se pratique pour l'orge destinée à être employé en drèche.

2° *De la phosphorescence.* — La phosphorescence est la propriété qu'ont certains corps d'être lumineux dans l'obscurité. Quelques plantes sont phosphorescentes. La fille de l'immortel Linné observa la première ce phénomène sur la capucine. On a attribué ce phénomène à l'électricité, mais il paraît plus probable qu'il est le résultat de certains effets chimiques.

3° *De la coloration des plantes.* — Les plantes sont toujours colorées, mais leurs couleurs qui se manifestent particulièrement dans les feuilles et les fleurs varient considérablement. La fixation du carbone sous l'influence de la lumière, parait être la cause principale mais non exclusive de la coloration (on voit le radis, la betterave colorés quoique soustraits à l'influence de la lumière), soit que la matière colorante se forme alors, soit que déjà formée, elle se colore. Les plantes parasites qui ne décomposent pas l'acide carbonique ne sont pas vertes : tels sont les cuscutes et les orochranches. (*Encycl. d'Hist. nat.*) Les plantes ou leurs parties qui ont été soustraites à la lumière restent blanches et molles : on les appelle alors *étiolées*. C'est sur ce phénomène qu'est basée une opération de jardinage qui consiste à priver certaines parties du végétal de lumière, afin de les rendre plus tendres et moins chargées de principes âcres et amers.

La couleur verte est celle qui prédomine dans les feuilles; elles peuvent cependant en offrir d'autres, savoir : la *pourpre*, qui est généralement produite par un acide, la *blanche*, qui se manifeste quand l'air est introduit entre l'épiderme et le tissu sous-jacent, la *jaune*, due à l'absence de chlorophylle, enfin la *panachée*, qui est le résultat d'un véritable état morbide héréditaire. La coloration peut servir à rappeler quelques propriétés des plantes. Ainsi le *rouge* indique la présence d'un acide. Si le rouge est intense, la plante est astringente, s'il est très foncé, elle est tonique. Le *jaune* indique des plantes toniques (gentiane) ou âcres (chélidoine). Le *bleu* (aconit) et le *noir* (belladone) annoncent des propriétés vénéneuses. Le vert indique *l'acerbité*. Le *blanc* marque la présence de sucs aqueux et insipides. Les crucifères font exception.

On a reconnu dans les plantes deux couleurs fondamentales : ce sont le bleu et le jaune qui jouissent de propriétés différentes. Des fleurs bleues ou jaunes peuvent passer au rouge et au blanc, mais jamais le jaune ne devient bleu et le bleu jaune. De là, deux séries, l'une ayant pour base le jaune, ce qui a fait donner à cette série le nom de *xanthique* ; et l'autre, dont le bleu est la couleur fondamentale, s'appelle série *cyanique*. Ces deux couleurs dans leur état de simple mélange forment le *vert*, état neutre ou intermédiaire. Si l'on admet au contraire le vert comme couleur génératrice, ces deux teintes primitives (bleu et jaune) en seraient différents degrés d'oxygénation; mais, en admettant la dégradation et la combinaison des couleurs primitives des deux séries, nous obtenons le tableau suivant :

VERT

JAUNE BLEU

ORANGÉ VIOLET

ROUGE

D'autres botanistes expliquent autrement le mode de génération des couleurs. Desvaux regarde le vert comme la couleur génératrice, et il en déduit deux séries parallèles; l'une *chloro-xantique*, l'autre *chloro-cyanique;* ces deux séries en se modifiant un certain nombre de fois donnent la couleur *rouge*, etc.

Les mutations de couleurs sont dues à la lumière, elles peuvent être également dues à l'influence du terrain; ainsi les hortensias bleus résultent de la présence dans le sol de sels ferreux, le geranium batrachioïde passe du bleu foncé au bleu pâle et au blanc dans un sol infertile.

4° *Des odeurs.* — Pour bien apprécier les odeurs, il faut plusieurs conditions. D'abord, il est nécessaire d'être doué d'un odorat fin et exercé : fin, car beaucoup de personnes n'ont pas la faculté de sentir les odeurs même les plus fortes ; exercé, car souvent on confond des odeurs essentiellement différentes. Pour que le principe odorant soit perçu, il faut qu'il soit volatil et mis en contact avec l'organe odorant. Il y a plusieurs causes qui peuvent augmenter ou diminuer les odeurs : ce sont la chaleur et la lumière, l'habitation, la culture, différents phénomènes atmosphériques, tels que l'électricité, la pluie, etc. Linné a classé les odeurs. Voici sa classification un peu modifiée :

1° Ambroisiacée. (*Musc.*)
2° Pénétrante. (*Tilleul.*)
3° Aromatique. (*Laurier.*)
4° Aliacée. (*Ail.*)
5° Puante. (*Analogue à l'odeur du bouc, orchis hircina.*)
6° Vénéneuse. (*Yèble.*)

7° Nauséabonde. (*Tabac.*)
8° Piquante ou acre. (*Moutarde.*)
9° Muriatique ou saline. (*Varech frais.*)
10° Balsamique. (*Benjoin.*)
11° Hydrosulfureuse. (*Choux pourris.*)
12° Camphrée. (*Laurier camphrier.*)

5° *Des saveurs.* — Les saveurs se perçoivent par l'organe du goût. Pour qu'un principe soit appréciable à cet organe, il faut qu'il soit liquide ou soluble. Les conditions de perception et les modifications des saveurs en plus ou en moins sont semblables à celles des odeurs. On a classé ainsi les saveurs :

1° Douce. (*Fraise.*)
2° Fade (*Bourrache.*)
3° Mucilagineuse. (*Guimauve.*)
4° Huileuse. (*Amandes.*)
5° Acide. (*Groseille.*)
6° Acerbe. (*Coing.*)
7° Astringente. (*Ecorce de chêne.*)
8° Amère. (*Gentiane.*)
9° Aromatique. (*Absinthe.*)
10° Acre (*Renoncule.*)
11° Salee. (*Plantes maritimes.*)
12° Vireuse ou Nauseuse (*Belladone.*)

TROISIÈME PARTIE

GÉOGRAPHIE BOTANIQUE.

La géographie botanique est la partie de la science qui s'occupe de la distribution des végétaux à la surface du globe. On appelle *station* d'une plante son existence dans tel ou tel milieu présentant un certain ensemble de conditions physiques, comme son existence dans une forêt, dans une campagne, etc. On appelle habitation d'une plante son existence dans tel ou tel pays.

Quatre causes influent sur la végétation et sur la distribution géographique des plantes; ces causes sont la chaleur, la lumière, l'humidité et le sol.

La chaleur va en diminuant de l'équateur au pôle. Cette

diminution est influencée par l'exposition, les montagnes, le voisinage de la mer, etc.

Différents lieux reçoivent une chaleur moyenne égale par année. Si l'on fait passer une ligne par ces lieux, on aura la ligne qu'on a appelée *isotherme* (ἴσος, égal, et θερμος, chaleur). Si l'on fait passer une ligne par tous les lieux qui ont la même moyenne de température pendant l'hiver, on aura la ligne qu'on a appelée *isochymène* (ἴσος, égal, et χειμών, hiver). La ligne qui passe par les lieux ayant une moyenne égale de température pendant l'été se nomme *isothère* (ἴσος, égal, et θερος, été).

Le sol est le milieu où peut croître une plante. Cette définition embrasse les eaux elles-mêmes.

La nature du sol détermine un grand nombre de stations des plantes. Celles-ci croissent ou dans l'eau, ou sur le sommet des montagnes, ou sur les collines, ou à l'ombre, ou dans les champs découverts, ou enfin elles vivent en parasites sur d'autres plantes.

L'humidité influe également sur la station et l'habitation. La lumière a moins d'action sur la distribution géographique.

QUATRIÈME PARTIE

TAXONOMIE.

On a donné le nom de taxonomie à la partie de la Botanique qui établit les règles sur lesquelles repose la classification des plantes, c'est-à-dire leur distribution méthodique en groupes nettement déterminés. (Lemaout.)

Les divisions et subdivisions adoptées aujourd'hui sont : les espèces, les genres, les familles, les classes.

On entend par espèce *la réunion des individus qui offrent les mêmes caractères essentiels.*

Le genre *est la collection des espèces qui ont entre elles une ressemblance frappante dans l'ensemble de leur organisation.*

La famille *est la réunion des genres qui se ressemblent entre eux.*

La classe *est la réunion des familles qui ont de l'analogie entre elles.*

MÉTHODE. — SYSTÈME. — Il est difficile d'établir nettement la distinction entre les classifications désignées par les noms de *système* ou de *méthode*. On définit, il est vrai, ordinairement le *système* comme n'employant que des caractères tirés exclusivement d'un seul organe, les *méthodes* comme se servant de plusieurs organes à la fois. Mais l'étude de la plupart des systèmes nous les montre toujours fondés sur l'emploi de plusieurs organes aussi bien que les méthodes, et, d'une part, celles-ci en font généralement prévaloir un sur les autres. On peut donc se servir indifféremment de ces deux mots. (Adr. de Jussieu, *Dictionnaire universel d'Histoire naturelle*.)

Tournefort, célèbre botaniste français, fit connaître une méthode qu'il avait établie d'après cinq ordres principaux de caractères, qui sont les suivants :

1° La *consistance* et la *grandeur* des tiges, ce qui a donné lieu à la division des plantes en *herbes*, *arbres*, *arbrisseaux* et *sous-arbrisseaux*.

2° La *présence* ou l'*absence* de la corolle a fait classer les herbes suivant qu'elles avaient ou n'avaient pas de corolle.

3° La *ressemblance* ou la *séparation* des fleurs sur la tige, ce qui a démontré qu'il y avait des herbes dont les fleurs étaient réunies plusieurs ensemble sous une même enveloppe, et qu'il y en avait d'autres qui avaient les fleurs séparées sur la tige, ce qui a fait nommer les premières *fleurs doubles*, et les dernières *fleurs simples*.

4° La *division* et la *forme* de la corolle, ce qui a fait dire que les fleurs étaient *monopétales* ou *polypétales*.

5° La *régularité* ou l'*irrégularité* de la corolle.

Quarante ans après la publication de la méthode de Tournefort, parut le système de Linné (c'était en 1734).

Le célèbre naturaliste suédois établit deux grandes divisions : celles des *monalines* ou hermaphrodites, végétaux dans lesquels les étamines et les pistils sont réunis dans la même fleur, et celle des *diclines* ou unisexuelles, végétaux dans lesquels les étamines et les pistils sont dans des fleurs différentes. Il parvint ainsi à grouper tous les végétaux en vingt-quatre classes distinctes.

Nous reproduisons à la page suivante le tablea qui résume le système de Linné.

SYSTÈME DE LINNÉ.

DIVISIONS.	SOUS-DIVISIONS.			CLASSES.
I. Fleurs visibles.	I. Monalines ou hermaphrodites, c'est-a-dire étamines et pistils dans la même fleur.	I. Étamines n'étant unies par aucune de leurs parties, étant égales et au nombre de	Un.	1 Monandrie.
			Deux.	2 Diandrie.
			Trois.	3 Triandrie.
			Quatre.	4 Tétrandrie.
			Cinq.	5 Pentandrie.
			Six.	6 Hexandrie.
			Sept.	7 Heptandrie.
			Huit.	8 Octandrie.
			Neuf.	9 Ennéandrie.
			Dix.	10 Decandrie.
			Onze.	11 Dodécandrie.
			Plusieurs, souvent 20, adhérentes au calice.	12 Icosandrie.
			Plusieurs, jusqu'à 100, n'adhérant pas au calice.	13 Polyandrie.
		II. Étamines étant inégales, deux toujours plus courtes.	Ayant 2 filets plus longs.	14 Didynamie.
			Ayant 4 filets plus courts.	15 Tétradynamie.
		III. Étamines réunies par quelques-unes de leurs parties ou avec le pistil.	1° *Par les filets.*	
			En un corps.	16 Monadelphie.
			En deux corps.	17 Diadelphie.
			En plusieurs corps.	18 Polyadelphie.
			2° *Par les anthères.*	
			En forme de cylindre.	19 Syngénésie.
			Attachées au pistil.	20 Gynandrie.
	II. Diclines ou unisexuelles, c'est-a-dire étamines et pistils dans des fleurs différentes.		Sur le même pied.	21 Monoecie.
			Sur des pieds différents.	22 Dioecie.
			Sur des pieds différents ou sur les mêmes, avec des hermaphrodites.	23 Polyandrie.
II Fleurs a peine visibles.				24. Cryptogamie.

ANT. L. DE JUSSIEU publia, en 1789, sa Méthode naturelle, c'est-à-dire le groupement des plantes d'après leurs degrés d'affinité et leur ressemblance.

Les caractères des grandes divisions et des classes ont été pris successivement dans les organes les plus importants.

Son point de départ fut la structure de l'embryon: de là il passa à la position relative des organes sexuels entre eux, c'est-à-dire à leur insertion. Les végétaux ont été divisés en trois grands embranchements, suivant qu'ils manquent d'embryon, suivant que leur embryon offre un seul ou deux cotylédons. Les premiers ont reçu le nom d'*acotylédonés* parce que, n'ayant pas d'embryon, ils sont nécessairement sans cotylédons, les seconds celui de *monocotylédonés* et enfin les derniers celui de *dicotylédonés*.

Les monocotylédonés ont été subdivisés en classes d'après la position de leurs étamines: de là les trois classes, hypogynie, périgynie et épigynie.

Le grand nombre des dicotylédonés a nécessité la formation de groupes secondaires, qui sont les *dicotylédonés à pétales* (sans corolle), les *dicotylédonés gamopétales* (à pétales soudés) les *dicotylédonés polypétales* ou *dialypétales* (à pétales libres).

Pour la classification des dicotylédonés gamopétales on a eu recours, non pas à l'insertion immédiate des étamines qui sont toujours attachées à la corolle, mais à celle de la corolle staminifère qui offre les trois modes particuliers d'insertion hypogynique, périgynique et épigynique, et l'on a eu ainsi les gamopétales hypogynes, les gamopétales périgynes et les gamopétales épigynes. Ces derniers ont été subdivisés en deux classes, suivant qu'ils ont les anthères soudées entre elles et formant un tube, ou suivant que ces anthères sont libres et distinctes, ce qui a fait quatre classes pour les dicotylédonés gamopétales. Les dicotylédonés polypétales ont été partagés en trois classes, qui sont : LES COTYLÉDONÉS POLYPÉTALES ÉPIGYNES, LES POLYPÉTALES PÉRIGYNES, ET LES POLYPÉTALES HYPOGYNES. Enfin on a formé une dernière classe pour les plantes dicotylédonées à fleurs véritablement unisexuées et diclines.

CLEF

DE LA MÉTHODE DES FAMILLES NATURELLES

DE M. A. L. DE JUSSIEU.

				CLASSES.
ACOTYLÉDONÉS.			I.	ACOTYLÉDONIE.
MONOCOTYLÉDONÉS.		Étamines hypogynes.	II.	MONOHYPOGYNIE
		— périgynes.	III.	MONOPÉRIGYNIE.
		— épigynes.	IV.	MONOÉPIGYNIE.
DICOTYLÉDONÉS.	Apétales.	Étamines épigynes.	V.	ÉPISTAMINIE.
		— périgynes.	VI.	PÉRISTAMINIE.
		— hypogynes.	VII.	HYPOSTAMINIE.
	Monopétales.	Corolle hypogyne.	VIII.	HYPOCOROLLIE.
		— périgyne.	IX.	PÉRICOROLLIE.
		— epigyne. Anthères soudées.	X.	SYNANTHÉRIE.
		— epigyne. Anthères distinctes.	XI.	CORYSANTHÉRIE.
	Polypétales.	Étamines épigynes.	XII.	ÉPIPÉTALIE.
		— hypogynes.	XIII.	HYPOPÉTALIE.
		— périgynes.	XIV.	PÉRIPÉTALIE.
DICLINES IRRÉGULIÈRES.			XV.	DICLINIE.

Il existe plusieurs autres classifications, mais le système de Linné et la méthode de M. de Jussieu sont généralement adoptés par les savants, et leur clarté nous a déterminé à les admettre de préférence.

Il suffit, au surplus, de bien connaître ces systèmes pour n'éprouver aucune difficulté à comprendre ceux des autres naturalistes.

CINQUIÈME PARTIE

DE LA PHYTOGRAPHIE.

La phytographie est la partie de la Botanique qui s'occupe de la description des plantes, soit qu'on les considère isolément, soit qu'on les considère réunies en classes, en familles, en genres ou en espèces. Elle a pour but de rechercher les ressemblances et les dissemblances des végétaux et de leur appliquer un nom.

Nous avons vu que les plantes étaient divisées en trois embranchements : les acotylédonées, les monocotylédonées et les dicotylédonées. Nous allons nous occuper du premier de ces embranchements.

DES VÉGÉTAUX ACOTYLÉDONÉS.

Synonymie.—On appelle encore ces végétaux *inembryonés,* parce qu'ils n'ont pas d'embryon ; *cryptogames* (Linné), parce que les organes de la reproduction sont obscurs ou à découvrir ; Necker les nommait *agames*, parce qu'il les croyait privés d'organes de la reproduction. On a encore donné d'autres noms aux végétaux de cet embranchement; nous croyons que ce serait dépasser le but de ces Éléments si nous les rapportions tous.

Les plantes inembryonées sont formées par du tissu cellulaire, soit simple, soit accompagné de quelques filaments allongés qui sont les rudiments du tissu vasculaire (comme dans les champignons), soit enfin de vaisseaux eux-mêmes (les fougères, les lycopodes, etc.).

ORGANES DE LA NUTRITION. — Les végétaux inembryonés offrent deux formes générales : 1° Ils sont en lames ou en filaments; leur accroissement, qui est périphérique, leur a valu le nom d'*amphigènes;* 2° ils ont *un axe* et des *organes appendiculaires;* leur accroissement, qui se fait par le sommet, leur a fait donner le nom d'*acrogènes.*

La lame constituant les végétaux amphigènes se nomme *fronde* dans les algues, et *thalle* dans les lichens.

ORGANES DE LA REPRODUCTION. — Les organes proprement dits de la reproduction sont les *spores* qu'on appelle encore *sporules* ou *gongyles*. Ils sont formés par des cellules remplies de matière organique amorphe. Ils sont quelquefois disséminés dans le végétal : quelquefois, au contraire, ils sont placés dans des points limités.

Les spores sont dans quelques végétaux renfermés dans des organes protecteurs auxquels on a donné le nom général de *conceptacle*. Le conceptacle prend des noms particuliers suivant les familles où on l'examine. Ainsi on le nomme *sporange* dans les fucus, *apothécion* et *scutelle* dans les lichens, *urnes* dans les mousses, *capsules* ou *thèques* dans les fougères et les champignons. Quelques inembryonés, tels que les mousses, les characées et quelques algues, ont les deux espèces d'organes sexuels. L'organe mâle est appelé *antheridie*; le conceptacle pré-ente alors le pistil.

Quelques végétaux inembryonés dont la structure est très simple n'ont point d'organes reproducteurs spéciaux. Chaque partie de la plante peut servir à donner naissance à de nouveaux individus.

VÉGÉTAUX INEMBRYONÉS.

Première classe. — Rimphigènes.

ALGUES. — Les algues sont des végétaux cellulaires vivant dans l'eau douce ou salée, ou bien dans des lieux humides. Elles se présentent sous forme de filaments déliés ou de lames minces entières ou lobées. Quelquefois les organes de la reproduction ne sont pas distincts, quelquefois les spores sont réunies dans des espèces d'utricules qu'on a appelées sporidies; quelquefois, enfin, il y a avec les sporidies des organes mâles ou anthéridies. Quelquefois les conceptacles ne contiennent qu'un seul des deux organes reproducteurs; ils sont donc unisexués ou hermaphrodites.

On a divisé les algues en : 1° *nostochinées*. Ce sont des utricules ou des filaments contenus dans une masse gélatineuse ; 2° les *confervacées*, formées par des tubes contenant des spores; 3° les *ulvacées*, expansion membraneuse ou tubuliforme, avec des spores dans la masse ; 4° les *florydées*, algues marines, ordinairement de couleur purpurine, conceptacle contenu dans la masse ; 5° les *fucacées*, algues marines couleur vert olivâtre, spores simples dans des conceptacles.

Plusieurs algues sont employées dans le commerce, les arts

et la médecine, et enfin comme aliments. Ainsi le *fucus vesiculosus* sert de nourriture aux habitants du Nordland. Le *ficus tendo* est employé au Japon pour faire des filets et, en Chine, pour lier les marchandises. Le fucus donne, par incinération, le sous-carbonate de soude. La mousse de Corse, qui est employée en médecine comme vermifuge, est un composé de plusieurs algues dont le *gigartina helminthocorton* et le *corallina officinalis* sont les principales.

CHAMPIGNONS. — Ce sont des végétaux vivant sur les corps organisés, morts ou malades, et qui sont formés, soit uniquement de cellules, soit de cellules et de filaments.

L'étude de la famille des champignons exige l'indication préalable de quelques termes qu'on a adoptés pour désigner les différentes parties qui les composent pour abréger ainsi leur description.

Je parlerai seulement des champignons les plus parfaits. Ceux-là seuls peuvent nous intéresser.

On appelle *mycelium*, un réseau filamenteux caché sous terre, qu'on peut regarder comme la tige du champignon, tandis que la partie que nous voyons n'est en quelque sorte que l'inflorescence. Cette inflorescence est de consistance charnue, ou spongieuse, ou gélatineuse ; elle est portée sur un pédoncule qu'on nomme *stipe*. Cette inflorescence a la forme d'une boule, d'un godet, d'une massue, d'un chapeau, etc. Ceux qui sont en chapeau sont quelquefois clos, pendant leur jeunesse, par une membrane qu'on appelle *velum*. Lorsqu'elle se rompt, elle laisse sur le pied une cicatrice annulaire qu'on appelle *anneau*. Quelquefois en outre, dans le premier âge, un sac cellulaire enveloppe le champignon tout entier, depuis sa base autour de laquelle il s'insère ; cette enveloppe s'appelle *vulva*.

Elle se déchire à une certaine époque et laisse sortir le chapeau. Celui-ci, qu'on peut regarder aussi comme le réceptacle des fruits, est garni en dessous de lames rayonnantes qui sont tapissées sur les deux faces d'une sorte de velours qu'on appelle *hymenium*. Il est composé de cellules juxta-posées, dont les moyennes sont nommées *basides*, et sont terminées par quatre pointes portant chacune une spore.

Chacun sait, dit de Jussieu (*Éléments de Botanique*), que les champignons offrent, à côté de mets recherchés, des poisons extrêmement dangereux. Il n'y a malheureusement pas de caractères auxquels on puisse distinguer les vénéneux des innocents. On doit apporter à leur usage d'autant plus de prudence que l'expérience des auteurs n'est pas toujours décisive. Il paraît, en effet, que la manière de les apprêter entre pour beaucoup dans les effets qu'ils peuvent produire. On détruit les qualités malfaisantes de certaines espèces en les faisant cuire ou saler, ou infuser dans le vinaigre; ce qui prouverait qu'en cas d'empoisonnement il faudrait se garder de sel ou de vinaigre, qui, dissolvant le principe vénéneux, le répandraient avec beaucoup plus de rapidité dans tout le corps.

L'action produite par les champignons vénéneux est variable suivant les espèces; ordinairement elle consiste en nausées et en vomissements, puis surviennent des défaillances, des anxiétés, un état de stupeur et souvent la mort, au milieu de convulsions. Le remède à donner en cas d'empoisonnement est un vomitif promptement administré pour expulser le champignon, puis des purgatifs avec des adoucissants en boissons.

Les genres *agaric, bolet, amanite, morchelle, merulle*, fournissent les champignons comestibles; les genres *agaric* et *amanite* renferment les espèces dont on doit se méfier.

Agaric. — Il n'a point de *vulva*, le dessous du chapeau est lamelleux. Quelques lamelles sont plus courtes; elles renferment les thèques ou capsules séminifères. La principale espèce comestible est l'*agaric* des champs. C'est le seul champignon qu'il soit permis de vendre sur les marchés de Paris.

Amanite. — Il a une enveloppe double, l'une est le *vulva*, l'autre partielle forme en se déchirant *l'anneau*. Chapeau quelquefois plan, quelquefois campanulé et veruqueux. *Mérule*, chapeau nul, il consiste dans une membrane irrégulière. Ces champignons viennent sur les bois humides, qu'ils détruisent; tel est surtout le mérule pleureur, ainsi nommé parce qu'il laisse suinter continuellement des gouttes d'eau.

Bolets.—Les bolets ont des lames réunies en masse tubuleuse; ils ressemblent aux agarics. Le ceps ou giroule, qui est une espèce de bolet est très recherché dans quelques parties de la France, dans le Périgord particulièrement.

Le genre *polypore* contient plusieurs espèces employées à la fabrication de l'amadou et de l'agaric hémostatique dont on fait usage pour arrêter les hémorrhagies.

Pour préparer l'amadou, on enlève la couche extérieure dure, et en quelque sorte ligneuse, on bat à l'aide d'un maillet la portion charnue, on la fait bouillir dans une solution de nitrate de potasse, on la fait sécher, on la bat une seconde fois, on l'imprègne de nouveau d'eau nitrée, puis on la soumet à une nouvelle dessiccation. Souvent on la frotte avec de la poudre à canon, qui lui communique une couleur noirâtre et une grande inflammabilité. Delille en parle ainsi :

> Le puissant agaric, qui du sang épanché
> Arrête les ruisseaux, et dont le sein fidèle
> Du caillou pétillant recueille l'étincelle.

La *truffe* (tuber cibarium) a un réceptacle ne s'ouvrant pas, c'est ce qu'on appelle *peridium*. La truffe comestible est noire, offre des mamelons pyramidaux. L'intérieur est blanc dans le premier âge, plus tard, il devient noir, mais alors il est parsemé de lignes blanches. C'est dans ce dernier état que la truffe possède sa saveur agréable et son arome particulier.

Les truffes croissent dans les forêts de chênes et de châtaigniers. Celles du Périgord sont les plus estimées. Elles végètent à quatre pouces environ de profondeur ; les terres qui en contiennent beaucoup les décèlent par les fentes et les soulèvements qu'on y observe. Pour les trouver, on a recours à l'intinct des cochons ou de chiens dressés à cette recherche.

Morille. — Ce sont des champignons mous, leur chapeau est ovoïde, et il forme des alvéoles nombreuses et irrégulières. La morille commune est un excellent mets. Les morilles étaient très recherchées par les anciens. On croit que l'empereur Claude fut empoisonné par des morilles.

LICHENS. — Les lichens sont des végétaux vivaces, naissant sur la terre, les pierres, les arbres, etc. Le corps (thalle) est en lames ou filamenteux. Les organes de la reproduction sont contenus dans des réceptacles (apotherions) qui sont tantôt clos, tantôt ouverts.

Les lichens forment dans quelques pays la base de l'alimentation des classes pauvres ; ils fournissent à l'industrie des matières colorantes, connues sous le nom d'*orseille*, de *tournesol en pain*, de *cudbear;* à la médecine des substances précieuses par leur amertune franche et particulière, et par leurs principes mucilagineux et nutritifs.

Deuxième classe.—Acrogènes.

MOUSSES. — Les mousses sont des végétaux qui recouvrent la surface de la terre, les rochers, les arbres et qui croissent quelquefois dans l'eau. La tige est herbacée, petite, verte. Les organes reproducteurs sont de deux sortes, c'est-à-dire MALES (*antheridies*) et FEMELLES. Ceux-ci sont contenus dans des conceptacles qu'on appelle *urnes*.

Les usages des mousses dans notre climat sont très restreints. Dans le Nord la mousse sert à la nourriture du renne, à faire des lits, etc.

FOUGÈRES. — Les fougères sont des plantes vivaces à rhizome ou à tige arborescente, feuilles ou frondes alternes, elles sont roulées dans le jeune âge en crosse d'évêque. La fructification consiste en sporules placées dans des conceptacles (capsules ou thèques), qui siègent à la face inférieure des feuilles.

Les fougères sont très répandues dans les pays tropicaux. Les rhizomes des fougères sont nutritifs dans ces régions. La feuille des fougères peut servir d'aliment et de litière aux bestiaux. On s'en sert aussi pour faire des matelas, que l'on emploie particulièrement pour les enfants faibles. Plusieurs fougères sont aussi employées en médecine, soit comme anthelmintiques (pollypode commun, nephrode, fougère mâle), soit comme émollients (capillaire noir, capillaire de Montpellier), soit comme diurétiques (doradille polytric, cétérach), soit comme excitants (osmonde royale).

MONOCOTYLÉDONÉS.

VÉGÉTAUX EMBRYONÉS.

CARACTÈRES GÉNÉRAUX DES MONOCOTYLÉDONÉS. — La plantule a un seul cotylédon : la tige est composée de vaisseaux fibro-vasculaires épars dans une masse cellulaire : elle a un mode d'accroissement spécial dont nous avons déjà parlé ; les appendices souterrains naissent de la base de la tige, qui ne se prolonge jamais en pivot.

Les feuilles sont ordinairement alternes, leurs nervures parallèles (nous avons vu qu'il y avait deux exceptions). Le périanthe a trois parties, ou bien c'est un multiple de trois (six, neuf). Il en est de même pour le nombre des étamines et les carpelles du pistil.

Nous ne donnerons que quelques familles, celles surtout qui sont les plus importantes.

GRAMINÉES. — Leur tige est généralement herbacée, quelquefois ligneuse (bambou), on la nomme *chaume*. Elle est ordinairement simple, fistuleuse, offrant des nœuds de distance en distance. Les feuilles sont engaînantes ; elles offrent au point de séparation de la gaîne et de la feuille une petite languette qu'on appelle ligule.

L'inflorescence est un épi simple ou composé, quelquefois c'est un panicule. La fleur a généralement trois étamines, le style bifide et le stigmate plumeux; elle est souvent hermaphrodite, quelquefois unisexuée. Les sexes peuvent être sur un seul pied, c'est ce qu'on nomme *monoïque*, ou sur deux pieds, *dioïque*.

Le fruit est un cariopse, quelquefois un akène.

Cette famille est l'une des plus riches en espèces du règne végétal. Elle fournit des pâturages aux troupeaux et des céréales à l'homme. C'est à cette famille qu'appartiennent le froment, le seigle, l'orge, l'avoine, le riz, le maïs, la canne à sucre, la canne de Provence.

PALMIERS. — Tige élevée, simple, on l'appelle stipe. Les feuilles sont grandes en éventail ou en palme. Les fleurs sont hermaphrodites, unisexuées, monoïques ou dioïques. Le périanthe a six divisions, il y a six étamines. Le pistil se compose de trois carpelles libres ou soudés. Le fruit sec ou charnu est le plus souvent une drupe. La graine a un endosperme charnu, cartilagineux ou osseux.

Les palmiers contiennent plusieurs genres: le dattier (*phœnia dactylifera*) est un des plus importants. Il est remarquable par sa fécondation qui se fait artificiellement.

Les branches du dattier, nouvellement coupées, fournissent un lait aussi salubre qu'agréable. On enlève souvent l'écorce et les parties fibreuses des jeunes tiges pour manger la substance blanche contenue dans le centre. On mange aussi, lorsqu'elles sont encore tendres, les feuilles et les fleurs mâles assaisonnées de jus de citron.

La *datte* ou fruit du dattier est saine, très-nourrissante et fort agréable, surtout à l'état de fraîcheur.

On fait usage également des noyaux de la datte dans les pays où on cultive les dattiers. On les donne à manger aux chameaux et aux moutons après les avoir broyés ou ramollis dans l'eau. Le sagoutier fournit le sagou. Le cocotier est encore une espèce très-importante. « L'homme, dit M. Lemaout, trouve dans ce précieux végétal de quoi suffire à tous ses besoins : la tige, les feuilles, les fibres ligneuses, la graine servent à l'abriter, à l'enivrer même, à le vêtir, à le loger, à l'éclairer, à le chauffer, à le transporter sur les mers, à le nourrir, à le désaltérer et à le guérir dans ses maladies. »

LILIACÉES. — Ces plantes, qui sont généralement herbacées,

sont quelquefois des arbrisseaux ou même des arbres. Elles ont des racines bulbifères ou fibreuses. La fleur offre un périanthe pétaloïde à six divisions. Les étamines sont au nombre de six, hypogynes ou périgynes. L'ovaire a trois loges. Le fruit est une capsule. La médecine et l'art culinaire trouvent dans cette famille quelques espèces utiles : ce sont les aloès, la scille, l'ail, etc. Les aloès sont employés en médecine comme purgatif; la scille est employée comme vomitif et diurétique. L'usage de l'ail et des ognons est trop connu pour en parler. A cette famille appartiennent encore les lis, les tulipes, etc.

ASPARAGINÉES. — Cette famille a beaucoup d'analogie avec les précédentes. Ce sont des plantes vivaces, frutescentes ou arborescentes. La racine est fibreuse, les feuilles sont alternes, opposées ou verticillées. Le périanthe a six ou huit divisions. Il y a six étamines, quelquefois quatre, quelquefois huit. L'ovaire est libre et a généralement trois loges. Le fruit est une baie ou une capsule.

L'asperge, qui est le principal genre de cette famille, est cultivée pour ses jeunes pousses (turions) dont le parenchyme, soumis à la cuisson, fournit des mets très-délicats. — L'asperge jouit d'une propriété diurétique généralement connue.

Cette famille renferme plusieurs genres; le smilax, entre autres, que plusieurs auteurs regardent comme le genre principal d'une famille qu'ils appellent smilacée.

Le dragonier appartient aussi à la famille des asparaginées. Ce genre renferme le plus vieux des végétaux connus. C'est le dragonier d'Orotava qui existe à Ténériffe. Son tronc s'élève à 72 pieds de hauteur; dix hommes se tenant par la main peuvent à peine embrasser sa circonférence.

IRIDÉES. — Cette famille renferme des végétaux ordinairement herbacés. La racine est généralement tubéreuse, rarement fibreuse. Les feuilles sont alternes. Les fleurs, avant leur épanouissement, sont enveloppées d'une spathe membraneuse. Le périanthe est coloré et a six divisions. Les étamines sont au nombre de trois; le style est divisé en trois rameaux stigmatifères. L'ovaire est infère. Le fruit est une capsule. L'un des genres principaux de cette famille est le safran. Le safran est fourni par le stigmate du croccus sativus, qui offre une espèce de crête. On le falsifie souvent avec les corolles du carthame. Le safran est employé en médecine comme excitant, dans l'art culinaire, et enfin pour teindre. L'iris de Florence est encore un genre qu'on emploie beaucoup. Il possède un rizome d'une belle couleur blanche, et d'une odeur de violette très-prononcée ; on en fait un grand usage dans la parfumerie ; à l'état frais, il est violemment purgatif ; desséché, il devient légèrement stimulant. On en fabrique de petites boules qui sont employées pour entretenir la suppuration des cautères.

DYCOTYLÉDONÉS.

VÉGÉTAUX EMBRYONÉS.

Caractères généraux des dycotylédonés.

Plantules à deux cotylédons, tige formée par des couches de faisceaux fibro-vasculaires, distinction nette entre l'écorce et le bois, accroissement par des couches concentriques, fleur en général formée par un périanthe de cinq parties ou d'un nombre multiple, cinq étamines ou bien aussi un nombre multiple.

LABIÉES. — Les labiées sont des plantes herbacées, quelquefois ce sont des arbustes. La tige est carrée, les feuilles sont simples et opposées. Le calice est gamosépale à cinq divisions. La corolle est gamopétale, irrégulière. Les étamines au nombre de 4 ou de 2. Le fruit est composé de 4 akènes.

Ces plantes sont employées en médecine comme des excitants, et plusieurs d'entre elles servent de condiment.

SOLANÉES. — On trouve dans cette famille des herbes, des arbustes et des arbrisseaux. L'inflorescence est en épis ou en grappes. Le calice est libre et il a 5, 4 ou 6 divisions. La corolle est rotacée, ou campanulée, ou infundibuliforme, ou hypocratériforme. Le limbe a 5, 4 ou 6 divisions. L'ovaire est formé généralement par deux carpelles ; il a un même nombre de loges. Le style est simple, le stigmate bilobé. Le fruit est une capsule ou une baie. A cette classe appartiennent la belladone, la mandragore, la jusquiame, la stramoine, le tabac, la tomate, la pomme de terre.

La mandragore fut autrefois très-célèbre. Elle était employée par les sorciers pour provoquer des hallucinations. Ils donnaient à sa racine qui est toujours grosse et fort bifurquée, la forme de figures humaines ; ils faisaient ensuite croire, qu'elles étaient nées sous les gibets et de l'urine des suppliciés. Ils leur attribuaient un grand nombre de vertus auxquelles les gens ignorants ajoutaient trop souvent foi.

Le tabac fut apporté en Europe en 1560. Jean Nicot, ambassadeur de France en Portugal, en reçut d'un Flamand qui arrivait de la Floride. Ce fut lui qui offrit la première prise à Catherine de Médicis. La reine prit goût au tabac, la cour s'empressa de l'imiter, et la plante, qu'on avait d'abord appelée Nicotiane du nom de Nicot, fut nommée *Herbe à la Reine* et célébrée comme une panacée. L'engouement pour le tabac devint si général que les rois s'en alarmèrent. Jacques Ier roi d'Angleterre lança en 1619 un pamphlet contre l'usage du tabac. Le pape Urbain VIII, en 1624, fulmina contre le tabac une bulle spéciale, et, dans toutes les églises de la chrétienté, les bedeaux furent autorisés à s'emparer des tabatières qu'ils surprendraient entre les mains des fidèles. (Lemaout.)

La pomme de terre est originaire du Pérou et du Chili. C'est sous le règne de Louis XVI et par les efforts infatigables d'un chimiste nommé Parmentier que la culture de la pomme de terre prit de l'extension. Depuis quelques années, la pomme de terre est sujette à une maladie qui a été attribuée à un champignon, le *botrytes infestant*. On est revenu de cette opinion, et on croit généralement aujourd'hui que cette maladie est le résultat d'une lésion de fonctions dans les parties aériennes de la plante.

SYNANTHERÉES. — Cette famille comprend des herbes, des arbustes ou même des arbrisseaux. Les feuilles sont généralement alternes ou quelquefois opposées. Les fleurs sont en capitules; chaque capitule se compose d'un réceptacle commun qu'on appelle *phoranthe* ou *clinanthe*, d'un involucre commun qui entoure le capitule : il est composé d'écailles. On trouve sur le réceptacle, à la base de chaque fleur, de petites écailles ou des poils plus ou moins nombreux représentant également des bractées. Le calice est à tube adhérent à l'ovaire; la corolle est souvent tubuleuse; son limbe a cinq divisions. On appelle *fleurons* les fleurs dont la corolle est tubuleuse et régulière. Il y a quelques fleurs dont les fleurons sont en languette; c'est un tube dont l'extrémité s'allonge en se déjetant de côté. Les capitules tantôt sont composées uniquement de fleurons (flosculeuses), tantôt de demi-fleurons (semiflosculeuses); tantôt le centre est occupé par des fleurons, tantôt par des demi-fleurons (radiées). Il y a cinq étamines; les anthères sont soudées en tube par leurs bords. L'ovaire est infère, le fruit est un akène.

Cette famille contient un très-grand nombre de plantes utiles à l'homme, soit pour ses besoins, soit pour son agrément.

Le genre armoise (*artemisia*) fournit plusieurs médicaments. On prépare en Suisse, avec le *génipi blanc*, le *génipi noir* et le *génipi des glaciers*, qui sont des espèces du genre armoise, une liqueur amère nommée extrait d'absinthe.

L'artichaut appartient aussi à cette famille. Le carthame est un autre genre. On se sert de ses corolles pour teindre. Le principe colorant du carthame mélangé avec du *talc* forme un fard très-recherché appelé *rouge d'Espagne*.

La *sarrète* est une autre plante qui fournit aux teinturiers une couleur jaune qui devient verte par le mélange de l'indigo. La couleur se retire des feuilles. La laitue, la chicorée endive, les salsifis, etc., appartiennent à cette famille. Le tussilage et le pied-de-chat sont aussi des plantes de cette famille : ils sont très connus dans la médecine populaire, car ils font partie des *quatre fleurs*, mélange dans lequel il entre, outre les fleurs de celles-ci, celles de guimauve et de coquelicot.

RUBIACÉES. — On trouve dans cette famille des herbes, des arbustes et des arbres. Les feuilles sont opposées ou verticillées, le calice est adhérent à l'ovaire entier ou à quatre ou cinq dents. La corolle est régulière, à quatre ou cinq divisions. Les étamines sont au nombre de quatre ou cinq. Le style est simple; il se termine par un stigmate qui offre autant de lobes qu'il y a de carpelles. Le fruit se compose tantôt de deux petites coques monospermes, tantôt il est charnu.

Cette famile renferme les *genres* garance (rubia tinctorium), le caféier, le quinquina, l'ipécacuanha, etc.

La *garance* est une plante tinctoriale très-anciennement connue; la couleur fournie par la garance est *rouge*.

Le *caféier* est un arbrisseau toujours vert, dont les feuilles ressemblent à celles du laurier; les fleurs sont blanches et odoriférantes. Le fruit est une baie rouge, du volume d'une cerise, formé d'une pulpe douceâtre peu épaisse, qui enveloppe deux noyaux accolés, dont la paroi offre l'aspect d'un parchemin; chacun renferme une graine, convexe extérieurement, plane et sillonnée en long du côté interne.

Le caféier est originaire de l'Abyssinie; il croît dans les provinces d'Enarrea et surtout de Kaffa : cette dernière lui a même donné son nom. Le café a été transporté ensuite dans l'Arabie; c'est aux environs de Moka, dans le royaume d'Yémen, qu'il prospère le mieux. Un moine arabe, pour se délivrer de l'assoupissement ou pour tirer ses religieux du sommeil qui les empêchait de vaquer à leurs offices nocturnes, est, à ce que l'on croit, le premier de sa nation qui fit usage de café. Un berger lui en fit naître l'idée, par le récit de l'effet que cette plante avait produit sur des chèvres.

Le café le plus estimé est celui qu'on recueille dans le royaume d'Yémen, en Arabie; on le transporte à Moka, dont il prend le nom.

L'Europe, dit M. de Jussieu, a l'obligation de cette culture aux Hollandais, qui, de Moka, transportèrent des caféiers à Batavia, et de là à Amsterdam.

Le premier pied qu'on vit en France fut donné au jardin des Plantes par M. Besson, lieutenant-général d'artillerie, et, fait singulier, ce fut un Français, M. Déclieux, qui porta dans nos colonies un rejeton de ce pied, qui fut l'origine des immenses plantations de l'Amérique.

Le *quinquina* est un arbre de l'Amérique. Les Jésuites ont, les premiers, fait connaître à l'Europe ce remède spécifique contre les fièvres intermittentes; ils l'apportèrent à Rome en 1639, par ordre de la comtesse de Chinchon, vice-reine du Pérou. Le quinquina porte encore le nom de *chinchonia*.

L'*ipécacuanha* est un petit arbrisseau habitant les forêts vierges du Brésil; sa racine est employée en médecine.

www.ingramcontent.com/pod-product-compliance
Ingram Content Group UK Ltd.
Pitfield, Milton Keynes, MK11 3LW, UK
UKHW020417180726
13839UKWH00003B/1341

9 782329 482903